CORIN COLLECTION
光輪ヴィンテージバイク・コレクション

高橋慎一
車両解説 宮﨑健太郎
発行 **BIG BEAT** 発売 三一書房

CONTENTS

4	**Harley-Davidson**	23JDS	1923	🇺🇸
6	**Royal Enfield**	Model 180	1924	🇬🇧
8	**Royal Enfield**	Model 190	1927	🇬🇧
10	**Ariel**	SB31	1931	🇬🇧
12	**Douglas**	B32	1932	🇬🇧
14	**Ariel**	SG32	1932	🇬🇧
16	**Matchless**	D80	1933	🇬🇧
18	**Panther**	Model 40	1933	🇬🇧
20	**Ariel**	4F/6	1933	🇬🇧
22	**Calthorpe**	Ivory Minor	1934	🇬🇧
24	**Excelsior**	D7	1934	🇬🇧
26	**New Imperial**	Model 23	1936	🇬🇧
28	**Matchless**	G80	1936	🇬🇧
30	**Norton**	ES2	1937	🇬🇧
32	**Velocette**	MAC	1938	🇬🇧
34	**Sunbeam**	B25	1939	🇬🇧

36	**Rudge**	Ulster	1939	🇬🇧
38	**Rudge**	Special	1939	🇬🇧
40	**Velocette**	MAC	1959	🇬🇧
42	**Rudge**	250 Sports	1934	🇬🇧
44	**Matchless**	G80	1937	🇬🇧
46	**Norton**	International	1954	🇬🇧
48	**YAMAHA**	TZ350	1976	🇯🇵
50	**Lady**	350 Sandtrack Racer	1931	🇩🇪
52	**Eysink**	250 Dirt Track	1932	🇳🇱
54	**CZ**	250 Motocross	1970	🇨🇿
56	**BSA**	B25SS Gold Star	1971	🇬🇧
58	**MZ**	250/IG	1965	🇩🇪
60	**MZ**	ETS360G5	1975	🇩🇪
62	**MZ**	GT360	1977	🇩🇪

65 　上野のモンスターと呼ばれた男

Harley-Davidson
23JDS
1923

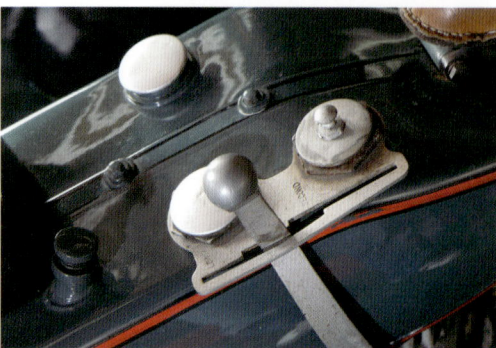

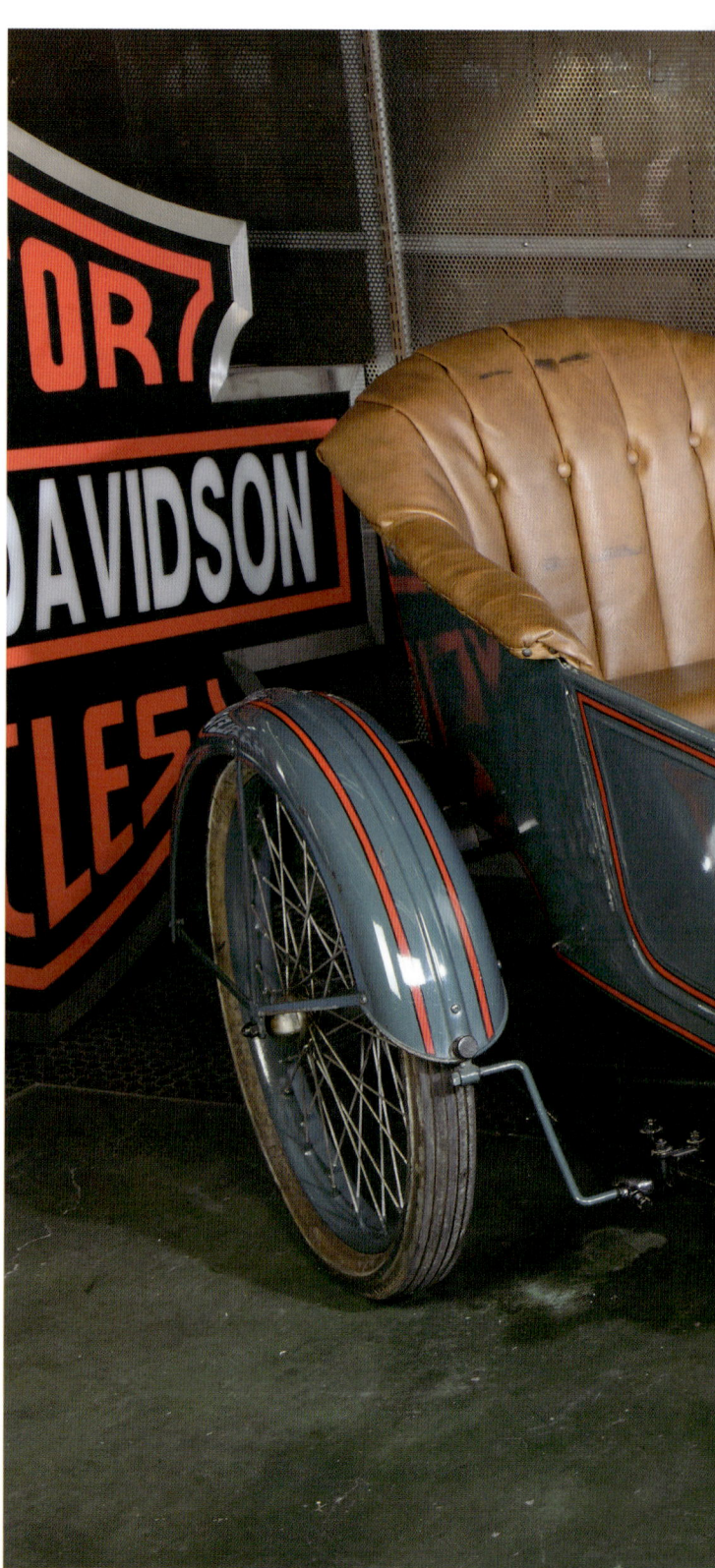

Country of origin：U.S.A.
Capacity/Type：1212.6cc Vee-twin Cylinder
Bore×Stroke：87.4×101.6
Frame Number：
Engine Number：23JD15326
Registration Number：

1909年からの歴史を持つ、伝統の61キュービックインチモデル(約1000cc)の上位版として、74キュービックインチ(約1200cc)のJDとFDは1922年に登場している。JDの弁方式は、吸気バルブが排気バルブの上にレイアウトされる、インレット・オーバー・エキゾーストタイプを採用。サイドカーモデルのJDSに装着される純正側車はロジャースカンパニー製であり、本車に対する右側と左側の側車取りつけ位置、パッセンジャー席数(1~2席)、ツーリストタイプとスポーツタイプ、そして商業使用のための箱形荷台など、様々なタイプの側車を選ぶことが可能だった。

Royal Enfield
Model 180
1924 🇬🇧

Country of origin：England
Capacity/Type：965cc Vee-twin Cylinder
Bore×Stroke：85×85
Frame Number：
Engine Number：
Registration Number：

1899年からドディオン・エンジンの3輪自動車を製作し、1901年に初めてモーターサイクルを製造したロイヤルエンフィールドが、自社製エンジンを使い出したのは1914年。最初に用意されたのは225ccの2ストローク単気筒と425ccのインレット・オーバー・エキゾースト方式のVツインで、それまではスイスのモトサコシや英国のJAP製エンジンを用いていた。彼らのヒット作であるモデル180サイドカーは、1912年にJAP製のVツイン770ccを搭載してデビュー。優れた動力性能を持つモデル180は、ロードレースやブルックランズでの競技会などでも活躍している。

Royal Enfield
Model 190
1927 🇬🇧

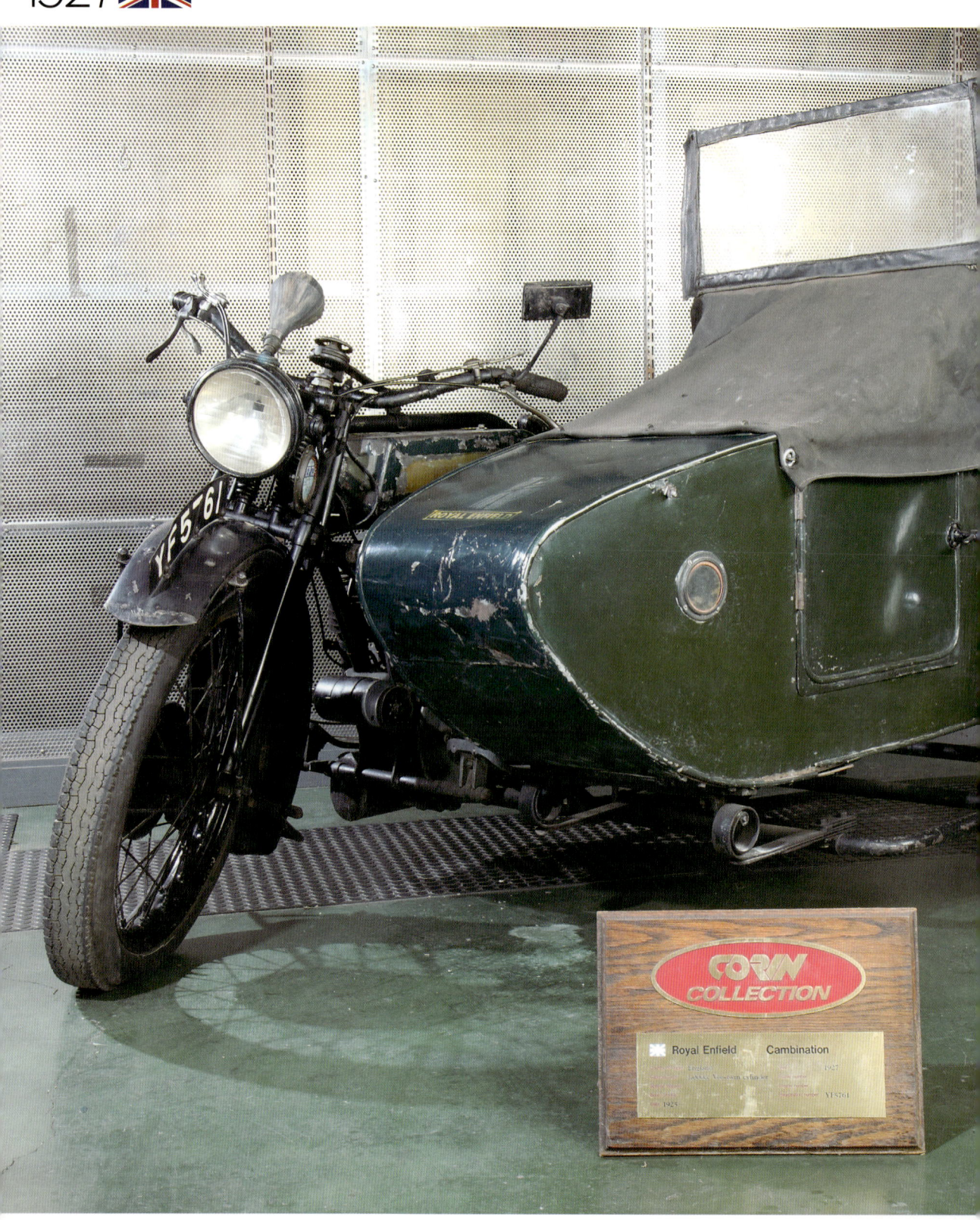

Country of origin：England
Capacity/Type：976cc Vee-twin CylinL
Bore×Stroke：85.5×85
Frame Number：
Engine Number：
Registration Number：YF576I

1921年より、ロイヤルエンフィールドは新たに976ccのVツインモデルを開発し、人気のあるサイドカーモデルの強化を図っていた。この自社製Vツインエンジンを搭載する1927年型のモデル190は、スタンダード版のモデル180に対し、ヘッドライトなどの灯火類を標準装備した、デラックス・コンビネーション仕様という位置付けのモデルであった。装着されるカーは、特別なウィンドスクリーンとフードを備え、全天候型であることが大きなセールスポイント。またモデル180とモデル190には、前後にふたつ座席を持つ2シーターサイドカーも、オプションで用意されていた。

Ariel
SB31
1931 🇬🇧

Country of origin : England
Capacity/Type : 557cc Single Sidevalve
Bore×Stroke : 96.4×95
Frame Number : S1457
Engine Number : S2512
Registration Number : NU-12-46

1902年からモーターサイクルの製造販売をスタートさせたアリエルは、1925年に名設計者のV.ペイジが加入し、飛躍的に製品のクオリティを高めていった。1931年には、合計8機種だった前年度のラインアップを10機種にまで拡大。このSB31をはじめ、車名の頭にSの付く3機種は、シリンダーを前傾させたスローピングエンジンを持ち、スローパーの名称で親しまれた。SB31はこの年のスローピングモデルのなかで唯一のサイドバルブ単気筒搭載車で、最も大きな排気量のモデル。豊かな低速トルクを発することから、サイドカーユーザーたちにも好まれた。

Douglas
B32
1932 🇬🇧

Country of origin : England
Capacity/Type : 350cc Twin Sidevalve
Bore×Stroke : 60.8×60
Frame Number : FAI279
Engine Number : ER794
Registration Number : TR-55-96

1882年、ブリストルの地に創業したダグラスは、1957年にモーターサイクルの生産を終了させるまで、長きにわたりフラットツイン（水平対向2気筒）のレイアウトにこだわったメーカーであった。第二次世界大戦までの時代は、積極的にファクトリーレース活動を行ない、マン島T.T.をはじめとするロードレース、ダートトラックなどの分野で輝かしい業績の数々を残している。1932年の同社の公道用モデルのラインアップは、10種類のモデルをアルファベットのA〜H、K、Mで区分しており、B32は350ccサイドバルブツインのツーリングモデルであった。

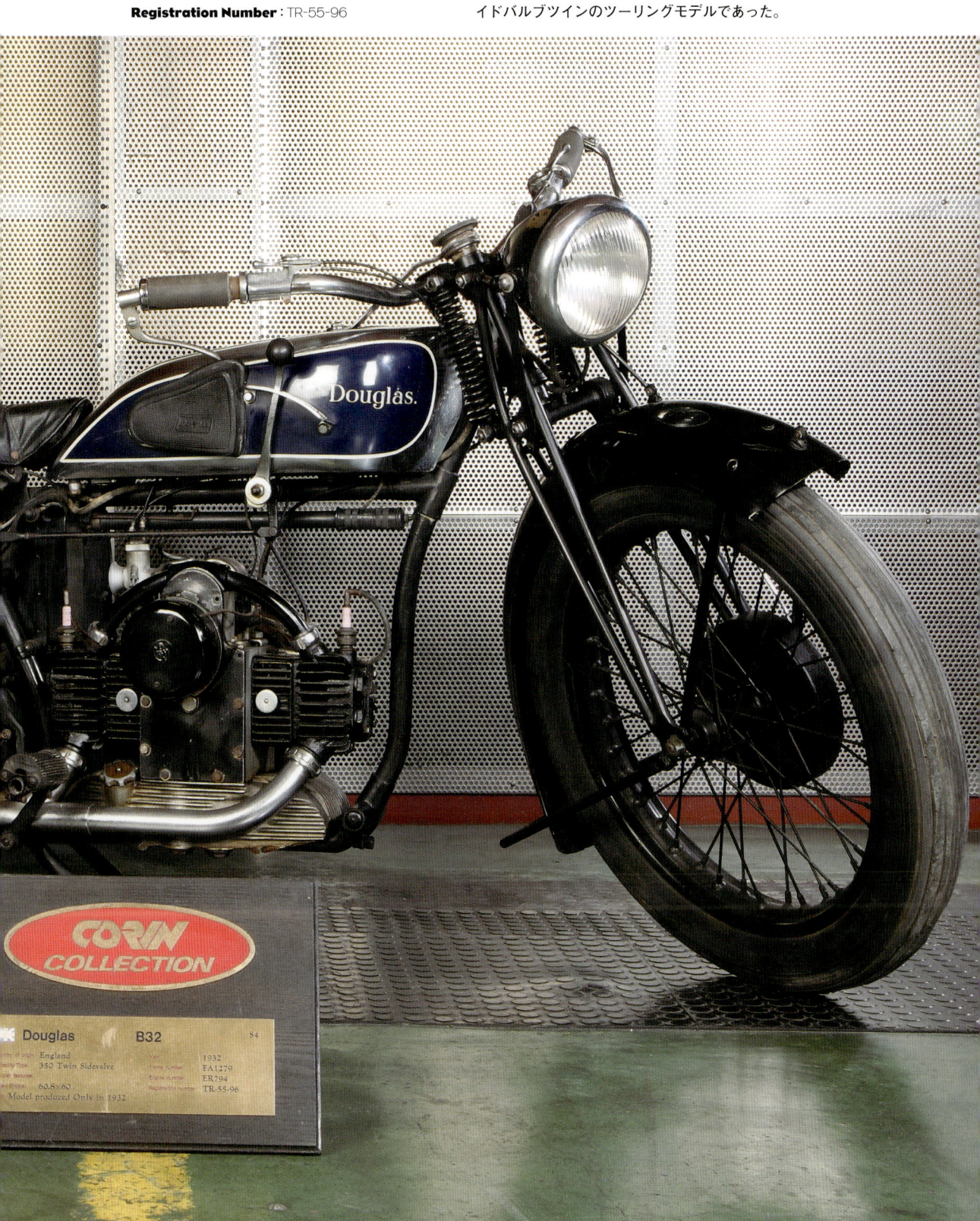

Ariel
SG32
1932 🇬🇧

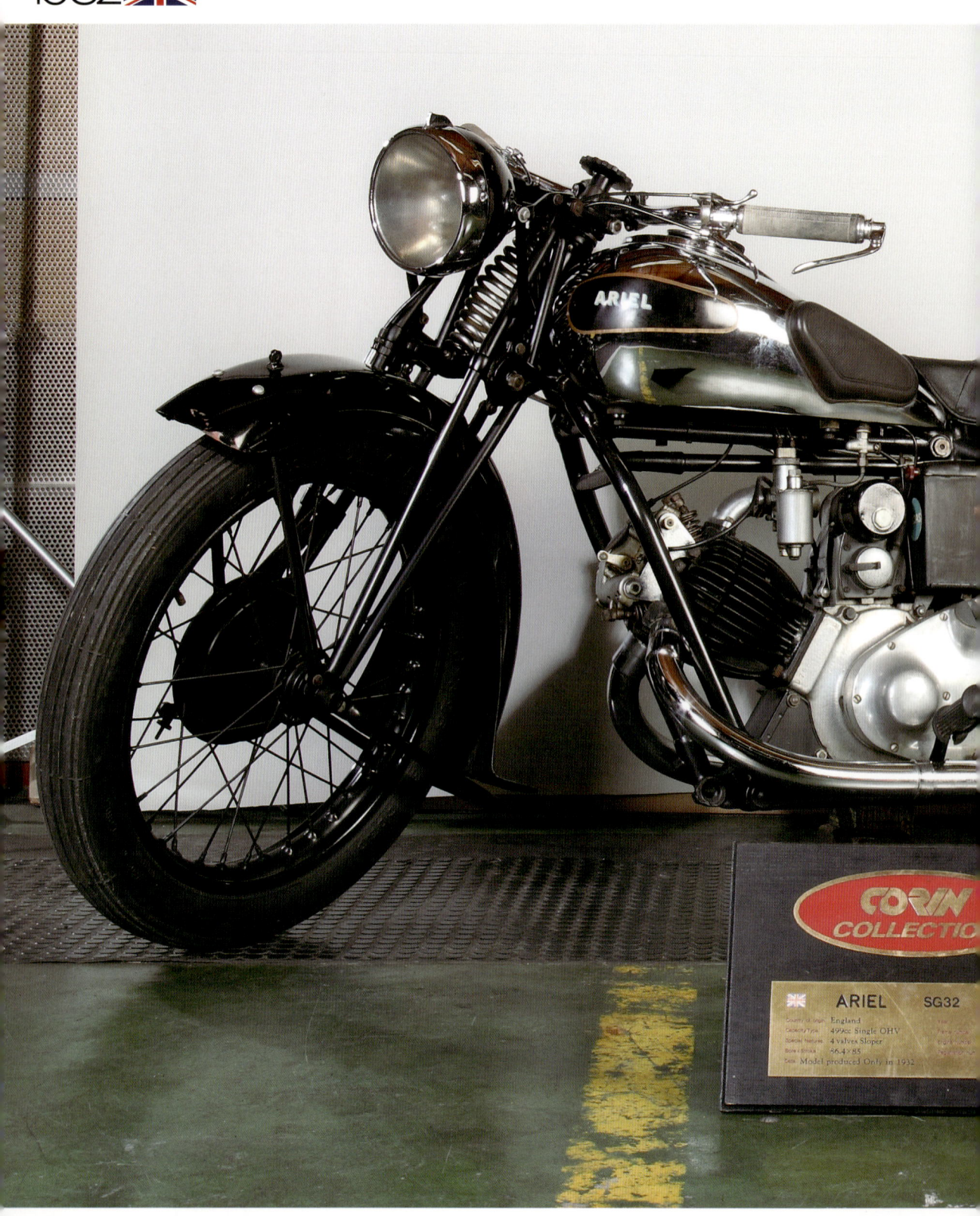

	ARIEL	SG32
Country of origin	England	
Capacity / Type	499cc Single OHV	
Special features	4 valves Sloper	
Bore / Stroke	56.4 × 85	
Note	Model produced Only in 1932	

Country of origin：England
Capacity/Type：499cc Single OHV
Bore×Stroke：86.4×85
Frame Number：D766
Engine Number：D3727
Registration Number：

1930年に加わったGモデルは、当時のアリエルのラインアップの中で、最もスポーティなモデルとされていた。翌1931年には、初のOHV4バルブ単気筒であるVG31デラックスと、スローピングエンジン仕様のSG31が登場。このシリンダーを前傾させたレイアウトには、重心を低くすることでハンドリングを向上させ、さらにエンジンの冷却性も高める狙いがあった。1932年型4バルブのSG32は、新しいデザインになったガーダー式フロントフォーク、ブレーキ径を大きくし、スポーク強度を高めた新型ホイール、プレススチール製ツールボックス装備などの改良を受けている。

Matchless
D80
1933 🇬🇧

Country of origin : England
Capacity/Type : 497cc Single OHV
Bore×Stroke : 82.5×93
Frame Number : 2457
Engine Number : 33/D81502
Registration Number : UZ-96-78

1931年にAJSを吸収したマチレスは、後に"ビッグM"と呼ばれることになる、大きなMのエンブレムを燃料タンクのマークとして採用する。その2年後の1933年に、マチレスは"スポーツ500"の異名を持つ、モデルD80を発売している。エンジンはマグネトー点火方式・ドライサンプ潤滑方式の、前傾タイプの4ストロークOHV単気筒を搭載。排気系のレイアウトは、2ポート・アップタイプ2エキゾーストを採用。エンジンと駆動系を繋ぐプライマリードライブはオイルバス方式で、4速のギアボックスは操作方法を手動・足動のどちらかを選ぶことが可能だった。

Panther
Model 40
1933 🇬🇧

Country of origin：England
Capacity/Type：249cc Single OHV
Bore×Stroke：60×88
Frame Number：19316
Engine Number：H46303
Registration Number：

1900年から1967年まで続いたヨークシャーのパンサー（フェルトン＆ムーア社）は、1930年代から4ストローク単気筒の軽量車（250cc・350ccクラス）を製造販売し、それらのモデルは扱いやすさから人気を得ていた。モデル40は、1932年に登場したモデル30の後継250ccで、同社の大型車同様に前傾単気筒を採用するのがその特徴である。スタンダードモデルのほか、豪華な装備が与えられたデラックスモデルも用意されていた。一方で、ロンドンのプライド＆クラーク社では、安価な労働力で製造した廉価版のレッドパンサーモデルを、1932年から1939年まで販売していた。

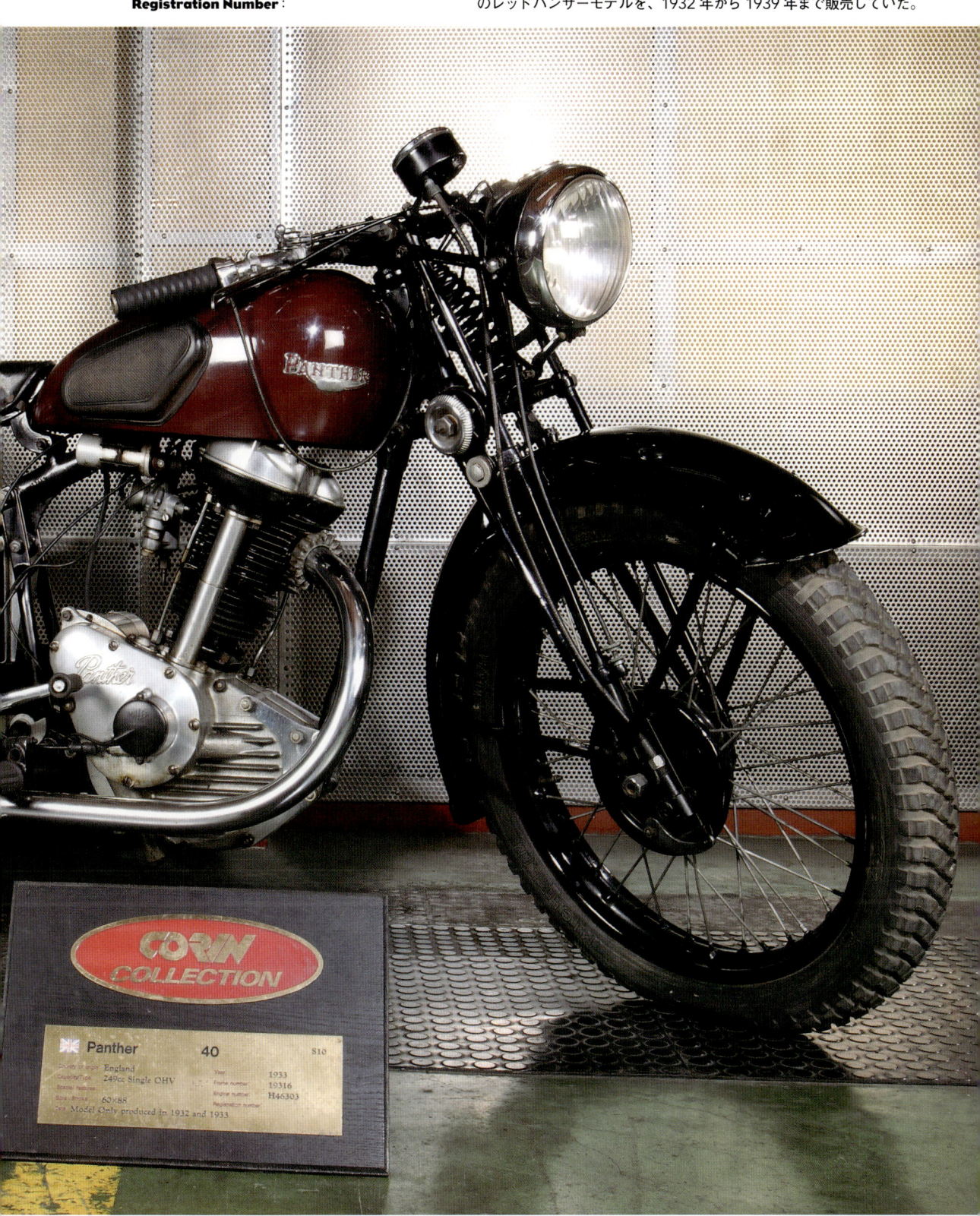

Ariel
4F/6
1933 🇬🇧

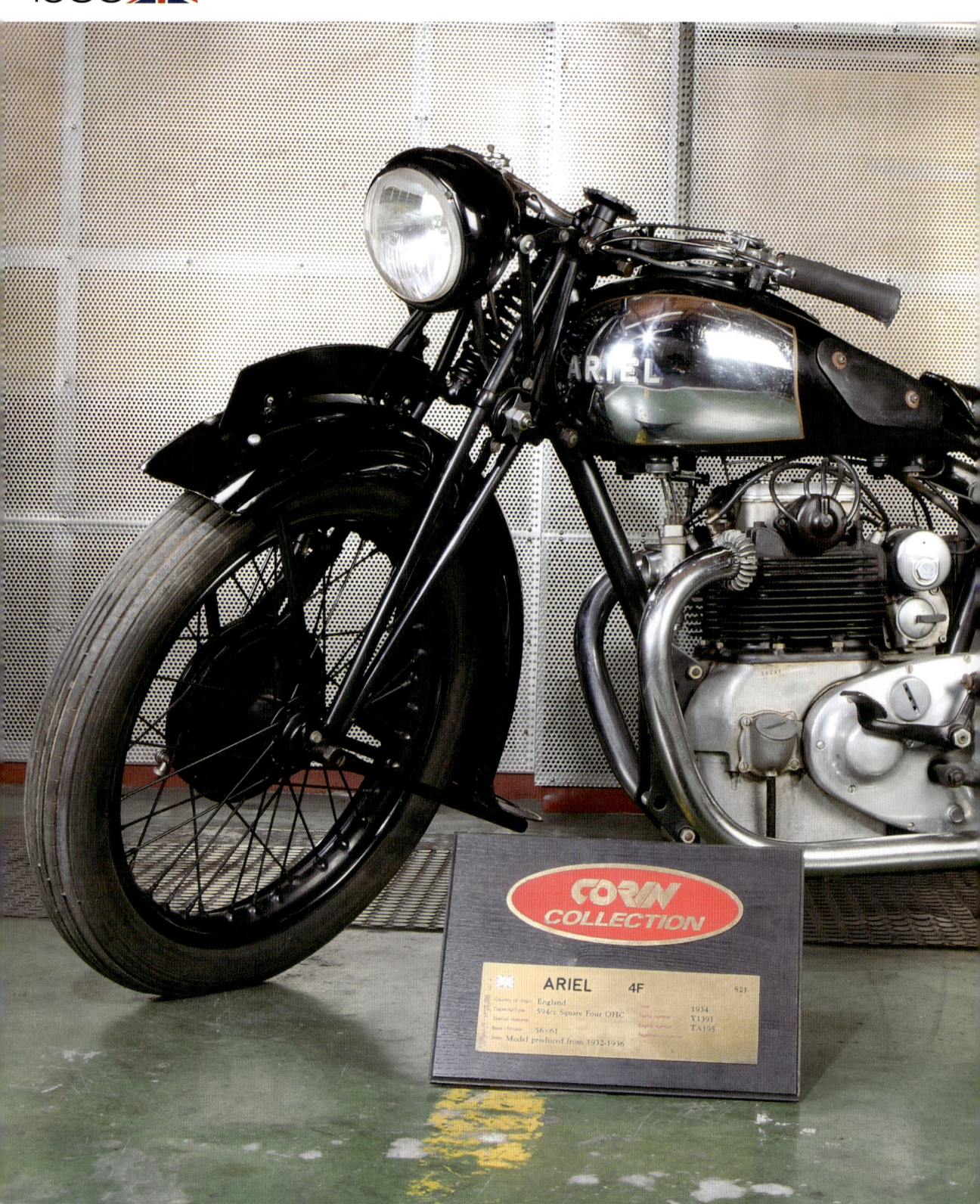

Country of origin : England
Capacity/Type : 601cc Square Four OHC
Bore×Stroke : 56×61
Frame Number : Y1391
Engine Number : TA195
Registration Number :

後にトライアンフツインを生み出すことになるE.ターナー技師は、1929年にアリエルにてOHCのスクエアフォアエンジンの設計を手がけている。その存在が公開されたのは1930年で、翌年より4F（500cc）という名で販売された。1932年型からは、ボアを拡大した600ccモデルの4F/6もスクエアフォアのラインアップに加わり、従来の500ccモデルは4F/5と区別されるようになる。1934年型より500は廃盤となり、4F/6は1936年まで継続販売されたが、1937年にはOHVの4F（600cc）と4G（1000cc）が登場し、OHCスクエアフォアの歴史に終止符が打たれた。

Calthorpe
Ivory Minor
1934 🇬🇧

Country of origin：England
Capacity/Type：247cc Single OHV
Bore×Stroke：67×70
Frame Number：RI-1236
Engine Number：RII205
Registration Number：

カルソープは、1909年からモーターサイクルの製造販売を始める。1910年代はJAP、ビリアース、ブラックバーンなどのエンジン供給を受けていたが、1925年からは自社製のエンジンも手がけるようになった。同社のラインアップで最も有名なアイボリーシリーズは、1929年のOHV348cc単気筒モデルがデビュー作であり、1932年には247ccの2ストローク単気筒を搭載する廉価版モデルのアイボリーマイナーが追加されている。1934年からアイボリーマイナーは、新たに247ccのOHV単気筒を搭載することになり、社の経営が傾く1938年まで販売された。

Excelsior
D7
1934 🇬🇧

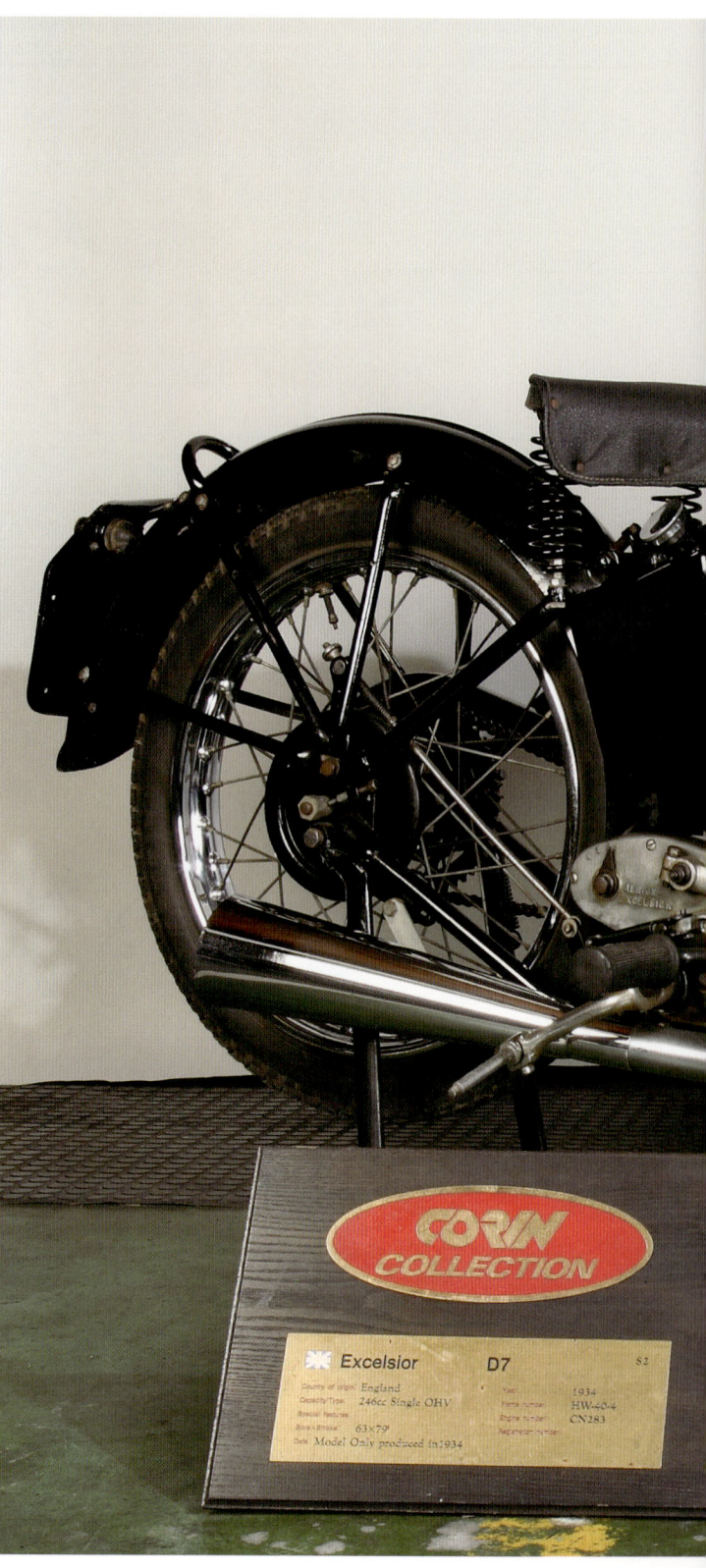

Country of origin : England
Capacity/Type : 246cc Single OHV
Bore×Stroke : 63×79
Frame Number : HW-40-4
Engine Number : CN283
Registration Number :

エクセルシャーは1896年に自社製モーターサイクルの製造販売を始めた、英国最古のモーターサイクルメーカーである（米国とドイツにも同名の会社が存在するが、関係はない）。ベイリス、エクセルシャー、エウレカのブランド名での自転車販売を経て、エクセルシャーモーターに社名を変更したのは1910年。当時はミネルバ、ドディオン、MMC、コンドルのエンジン供給を受けてモーターサイクルを製造していた。第一次世界大戦後に経営者を変え、エクセルシャーブランドは1964年まで存続したが、その間98ccから1000ccまで、様々な排気量レンジのモデルを生産した。

New Imperial Model 23
1936 🇬🇧

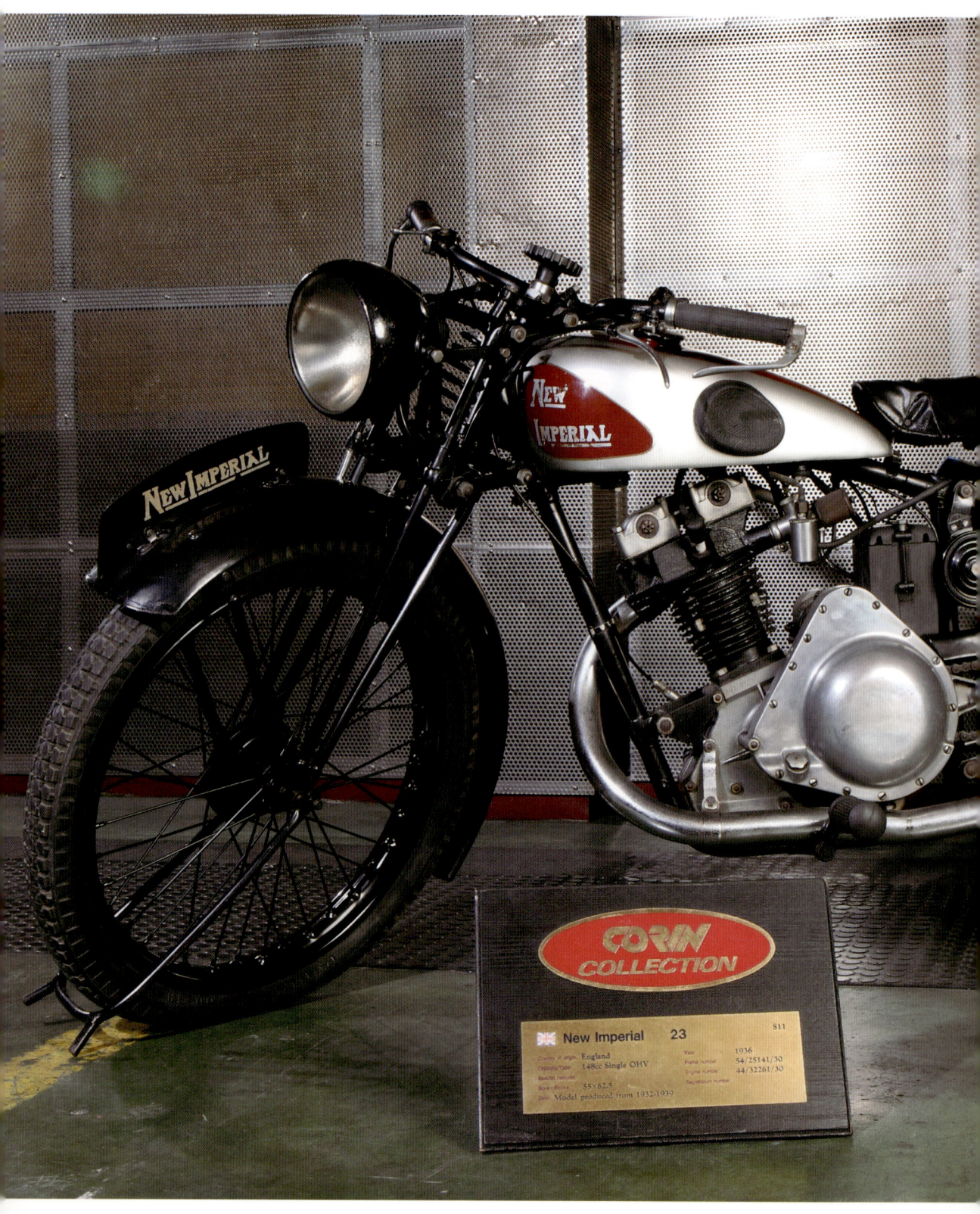

Country of origin：England
Capacity/Type：148cc Single OHV
Bore×Stroke：55×62.5
Frame Number：54/25141/30
Engine Number：44/32261/30
Registration Number：

自転車製造業を営んでいたニューインペリアルが、初めてモーターサイクルを製作したのは1901年。しかし、この作品は商業的成功を得ることがなく、同社は再び自転車製造に専念することになる。モーターサイクル製造に再挑戦したのは1912年で、この年に製作したライトツーリストモデル（300cc）は大ヒット。以降、同社はとりわけ軽量級モーターサイクルの分野で名声を得ることとなった。このモデル23は1932年に登場し、ニューインペリアルがモーターサイクル製造を中止する1939年まで、同社のカタログに掲載され続けたロングセラーモデルである。

Matchless G80
1936 🇬🇧

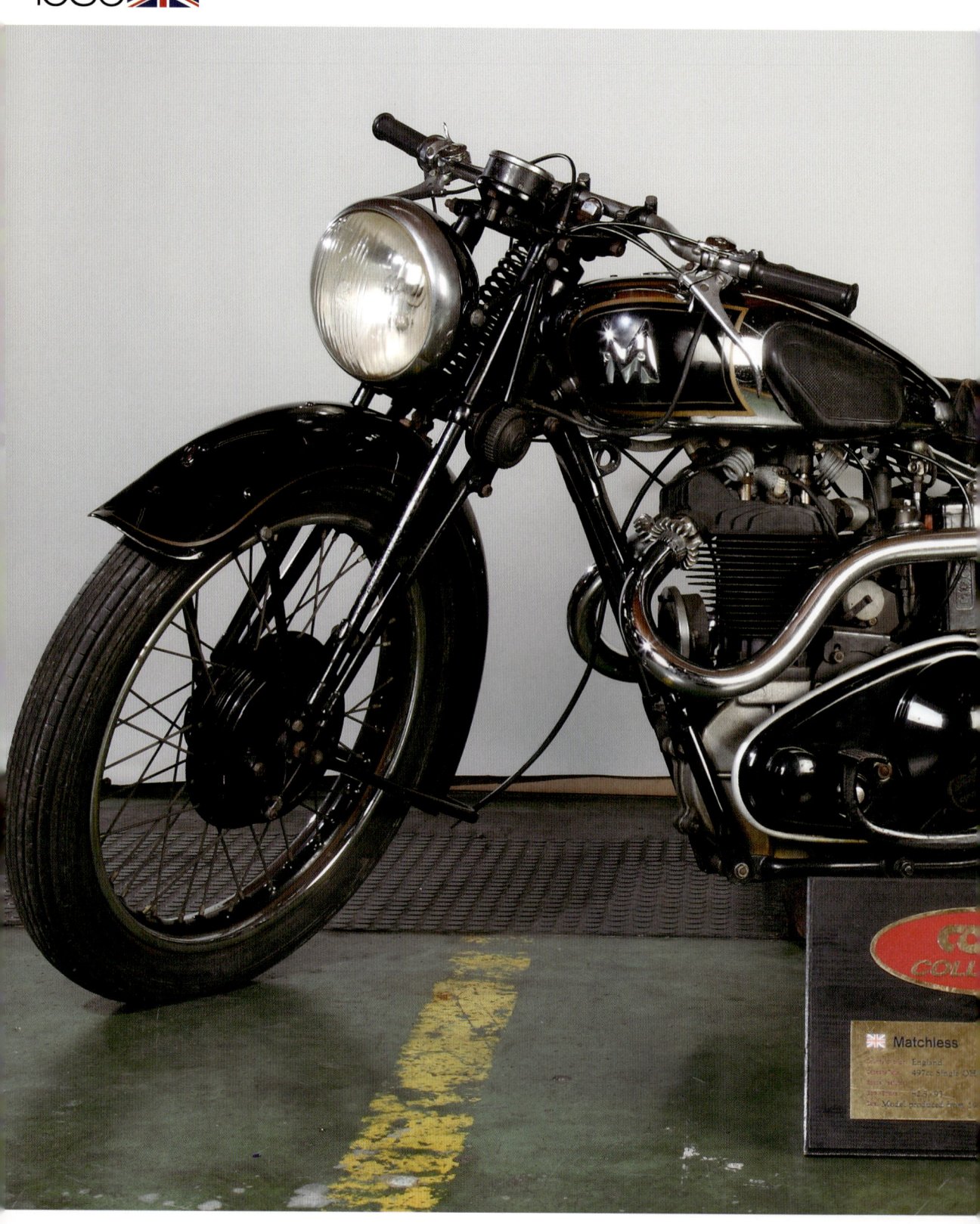

Country of origin : England
Capacity/Type : 498cc Single OHV
Bore×Stroke : 82.5×93
Frame Number : 851
Engine Number : 36/C80-651
Registration Number : RH-49-14

V型4気筒エンジンを搭載する高級モーターサイクル、シルバーホークの販売が終了した1935年に、マチレスは新たな商品としてクラブマン用マシンの"G"モデルを発表している。新機軸となるGモデルは、ヘアピンバルブスプリング式のOHV単気筒エンジンを採用し、バルブの駆動はクローム仕上げのチューブに内蔵されたプッシュロッドによって行われていた。スピードメーター以外の計器類とスイッチ類は、3ガロン容量の燃料タンク上のパネルにまとめられている。栄えある"G"の称号は第二次世界大戦後にも、マチレス車のスポーツモデルに引き継がれた。

Norton
ES2
1937 🇬🇧

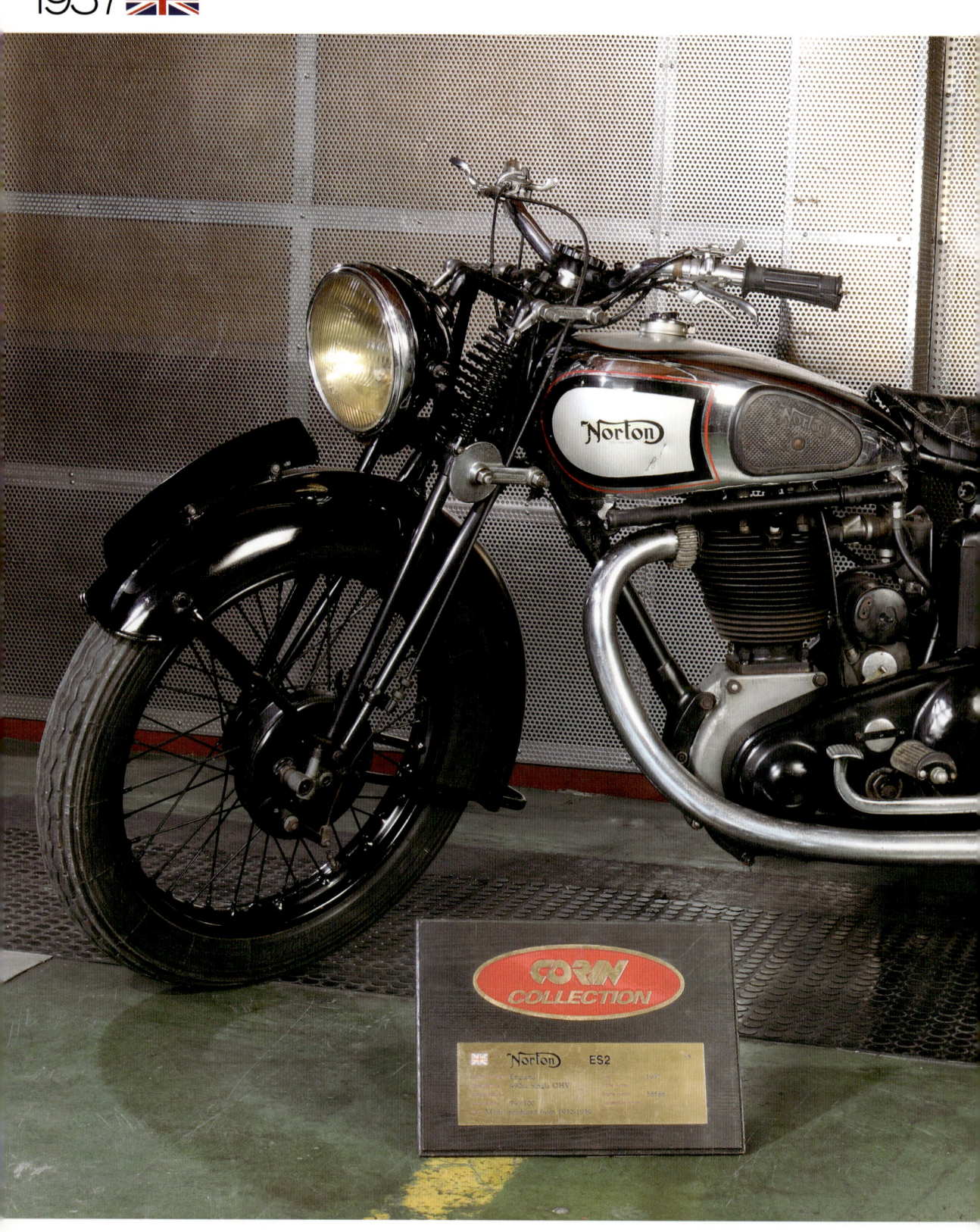

Country of origin: England
Capacity/Type: 490cc Single OHV
Bore×Stroke: 79×100
Frame Number: D299N
Engine Number: 58588
Registration Number:

ES2 は 1927 年にノートンの新たな OHV 単気筒として発表されたモデルである。当時ノートンは OHC 単気筒の生みの親である W. ムーアの後任者、A. キャロルが OHC の設計を担当し、その他の OHV とサイドバルブモデルは、E. フランクが開発の責任を負っていた。車名の ES2 は、E がエクストラコスト、S がスポーツモデル、そして 2 は 100mm ストローク・490cc のスペックを持つ第 2 世代エンジンであることを意味する。スポーツ性と扱いやすさのバランスに秀でた ES2 は、細かな改良を重ねて 1964 年まで生産を継続。ノートンを代表する、ロングセラーモデルとなった。

Velocette
MAC
1938 🇬🇧

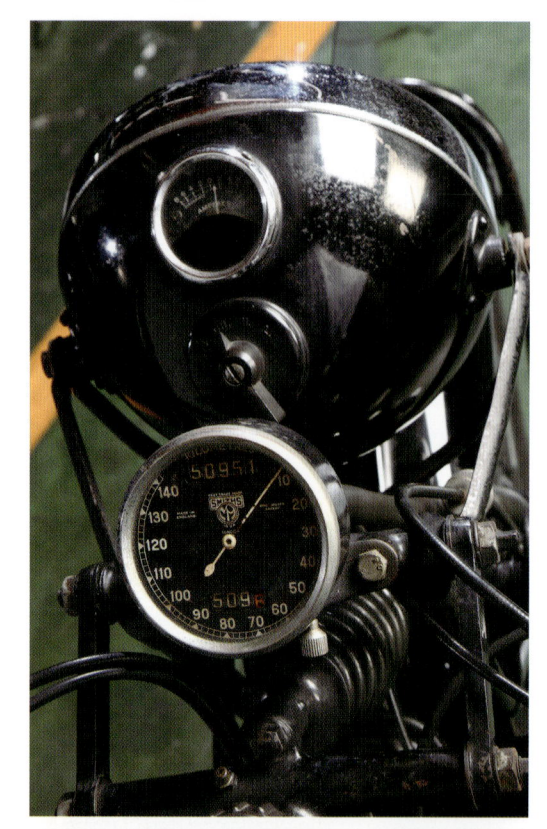

Country of origin : England
Capacity/Type : 349cc Single ONV
Bore×Stroke : 68×96
Frame Number : MAC3066
Engine Number : D5779
Registration Number :

その高性能ぶりからベロセットの名声を高めたのは一連のKモデル（OHC）だが、同社のビジネスを支えたのはMACをはじめとするOHVのMモデルだった。1933年のMOV（250cc）とMAC（350cc）に搭載れたハイカムシャフトOHV単気筒は、スポーツ性と扱い易さを両立し、そのデビューとともに多くのライダーの注目を集めた。MOVは第二次大戦後の1948年に廃盤となったが、MACは戦時中軍用版が生産され、戦後も継続して販売されている。1951年には従来の鋳鉄製シリンダーとシリンダーヘッドを、新たにアルミ合金製に変更。放熱性を大きく向上させた。

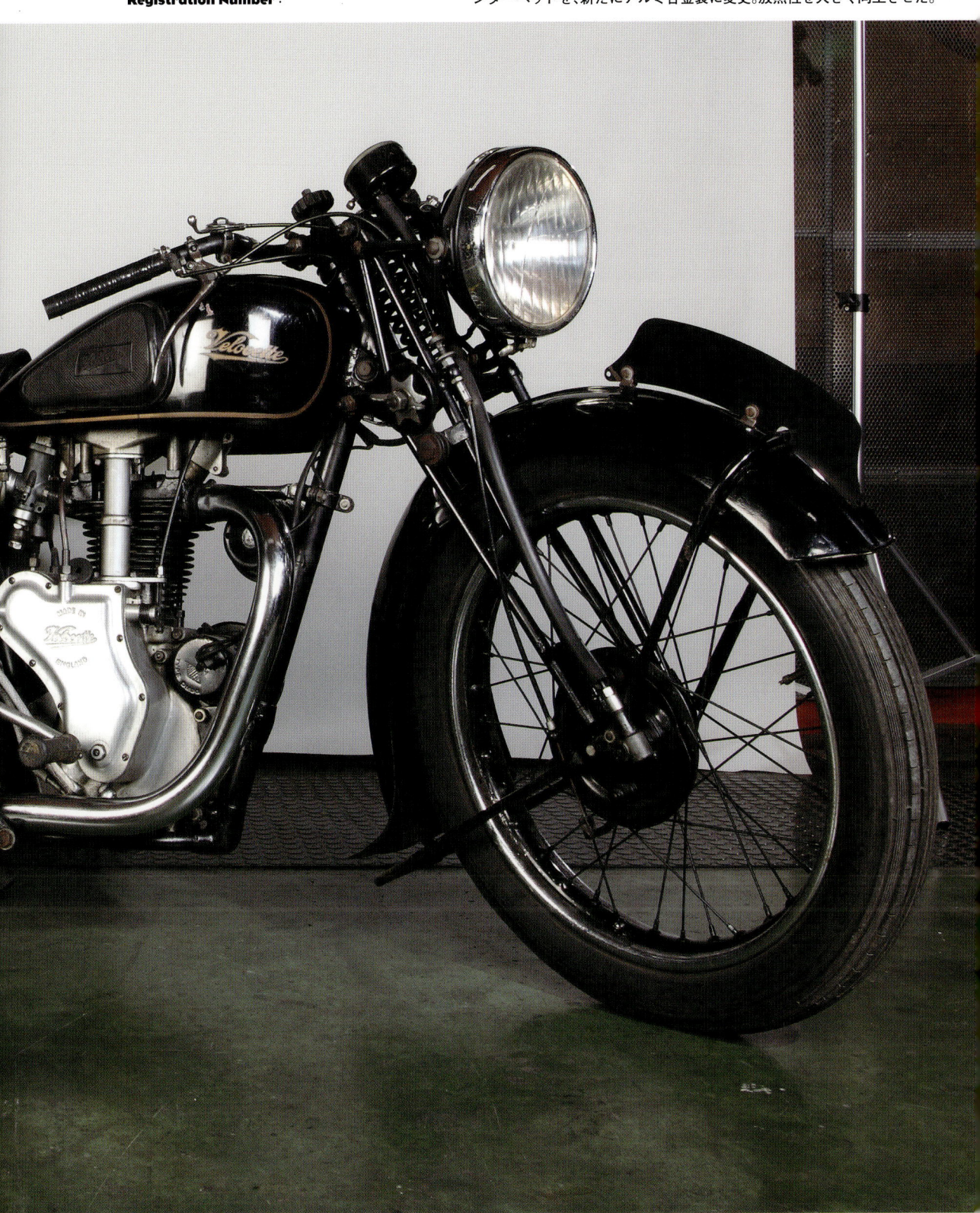

Sunbeam
B25
1939 🇬🇧

Country of origin：England
Capacity/Type：498cc Single OHV
Bore×Stroke：82.5×93
Frame Number：12217
Engine Number：A12217A
Registration Number：RU-17-04

1951年にJ.マーストンが設立したサンビームは、創業時のビジネスである自転車製造に加え、1912年よりモーターサイクル生産に乗り出す。同社の製造するモーターサイクルは高性能・高品質という高い評価を得て、"紳士のためのマシン"と呼ばれた。第一次世界大戦後、サンビームのブランドは数度売却されることとなるが、1937年には英国を代表するコングロマリッドであるAMCグループの傘下に収まった。このB25は、1939年の1年間だけ約200台が製造されたレアなモデルであり、動弁系の往復による慣性重量を抑える、ハイカムシャフトOHV機構がその特徴だ。

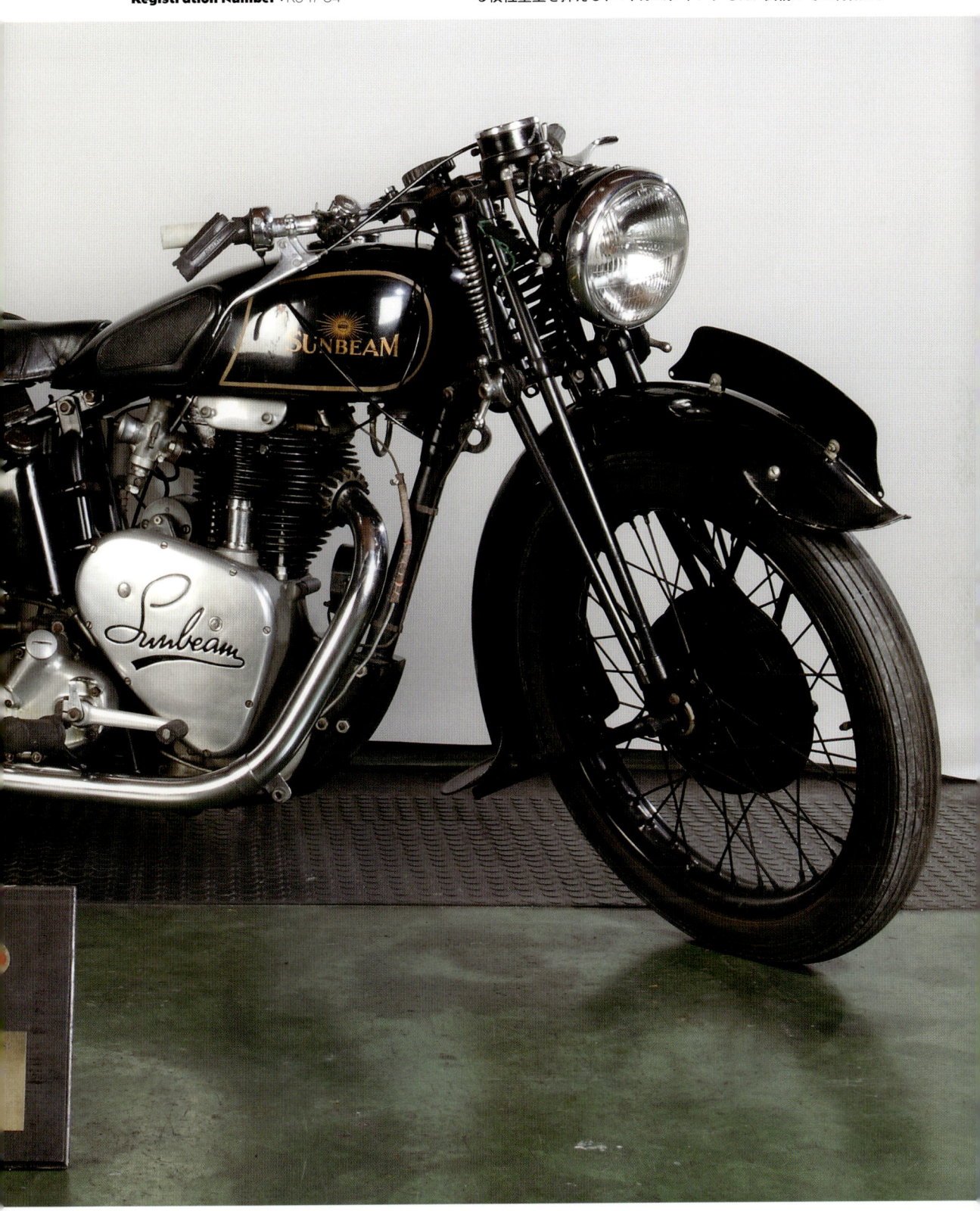

Rudge
Ulster
1939 🇬🇧

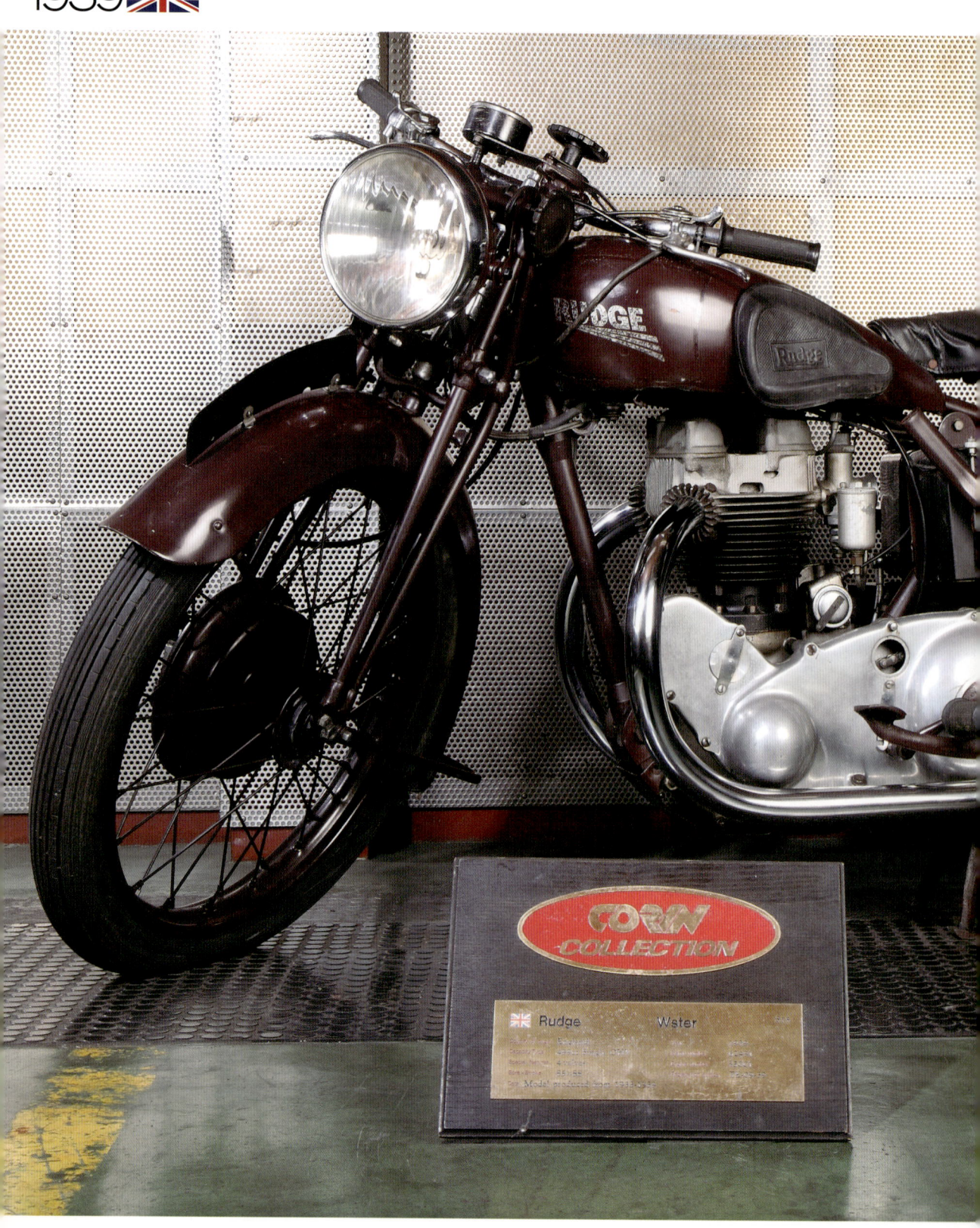

Country of origin：England
Capacity/Type：499cc Single OHV
Bore×Stroke：85×88
Frame Number：62491
Engine Number：S500a
Registration Number：TE-09-39

1928年のアルスターGPで、G.ウォーカーがライディングにするラッジ－ウィットワースのワークスマシンは、ロードレース界初の平均時速80マイル（約130km/h）超の記録を叩き出し、見事優勝している。この偉大な業績を称え、ラッジは翌年にその市販版を発表した。初期のアルスターはペントルーフ型4バルブを採用していたが、1932年型のみラジアル配置型4バルブを採用、1933年型からはセミ・ラジアル配置型シリンダーヘッドを採用する。写真のモデルは最終型となった1939年モデルで、RR50アルミ合金を用いたシリンダーヘッドを採用したのが特徴であった。

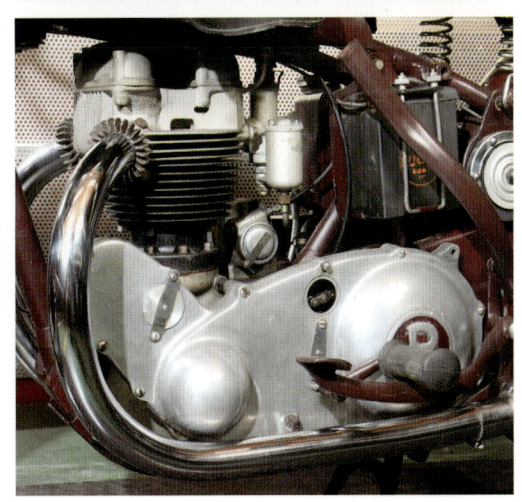

Rudge
Special
1939 🇬🇧

Country of origin : England
Capacity/Type : 493cc Single OHV
Bore×Stroke : 84.5×88
Frame Number : 93171
Engine Number : S5998
Registration Number : SU-50-72

1931年に登場したラッジ・スペシャルは、シリンダー背面に点火装置のマグネトーを備えた、並列バルブ配置のOHV4バルブエンジンを搭載。翌年には完全なオイルバス方式のプライマリーチェーンケースを採用する。1937年にはエンジンの再設計を受け、バルブギア密閉型のシリンダーヘッドが新たに与えられている。なお、1937年にラッジ－ウィットワースは財政難によってEMIに買収され、1938年後半までは自転車製造に集中し、モーターサイクル生産は中断されていた。そして1939年12月以降は、英国軍に納めるレーダーの生産に専心し、二輪事業に終止符を打った。

Velocette
MAC
1959 🇬🇧

Country of origin：England
Capacity/Type：349cc Single ONV
Bore×Stroke：68×96
Frame Number：FRS 9313
Engine Number：MAC-24850
Registration Number：TR-97-03

第二次世界大戦前からスイングアームフレームの開発に取り組んでいたベロセットは、世界ロードレース選手権でワークスマシンにその技術を盛り込み、輝かしい業績を残した。レースの舞台で鍛え上げたスイングアームフレームは、1953年型からのMACにも採用され、路面追従性と乗り心地の快適さを、それまでのリジッドフレーム版から飛躍的に向上させている。また同時にクラッチとギアボックスにも改良が施されており、信頼性が高められた。ソロ用、サイドカー用として人気を博したスイングアーム版MACだが、惜しまれつつも1960年型を最後に、その生産を終了した。

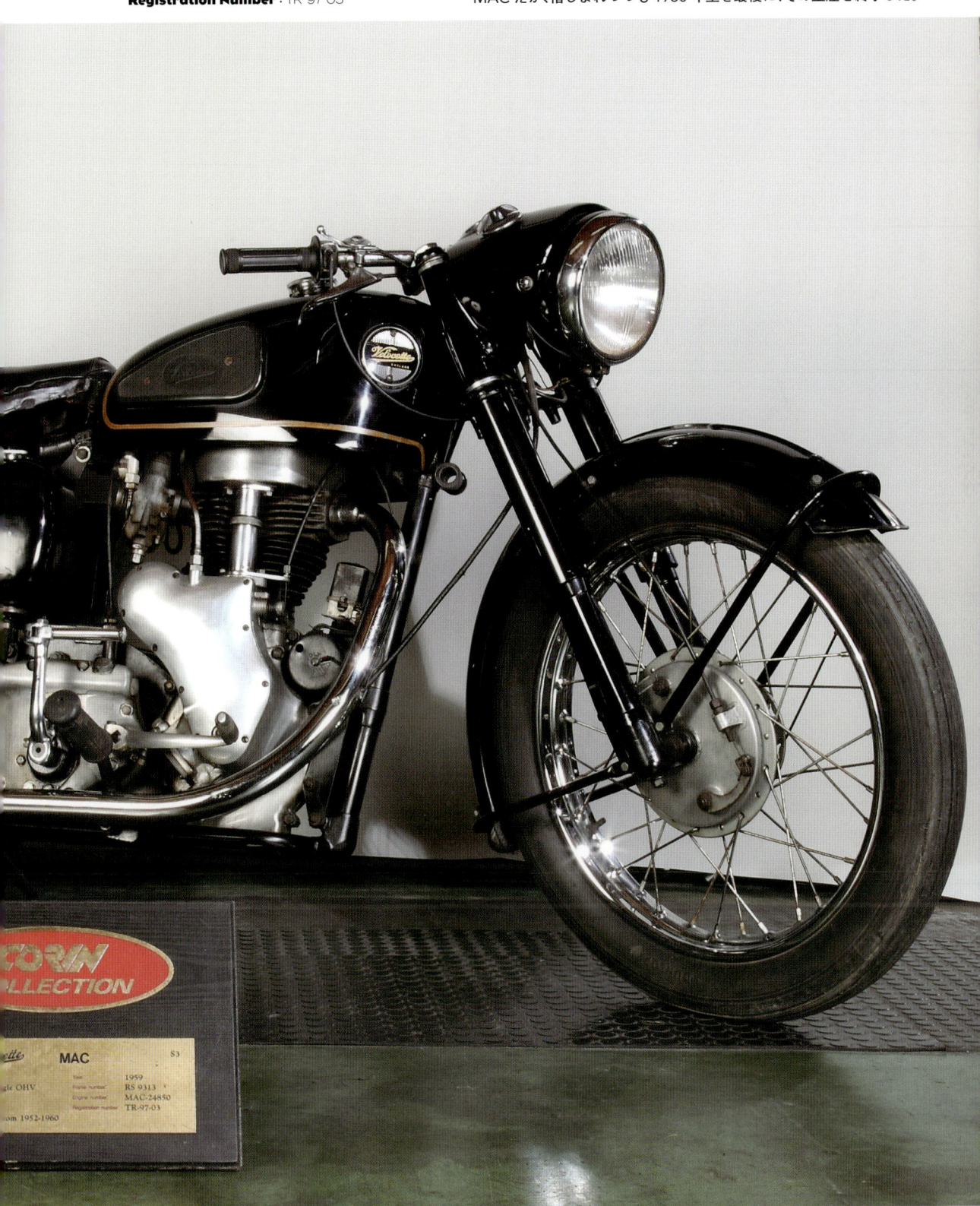

Rudge 250 Sports
1934 🇬🇧

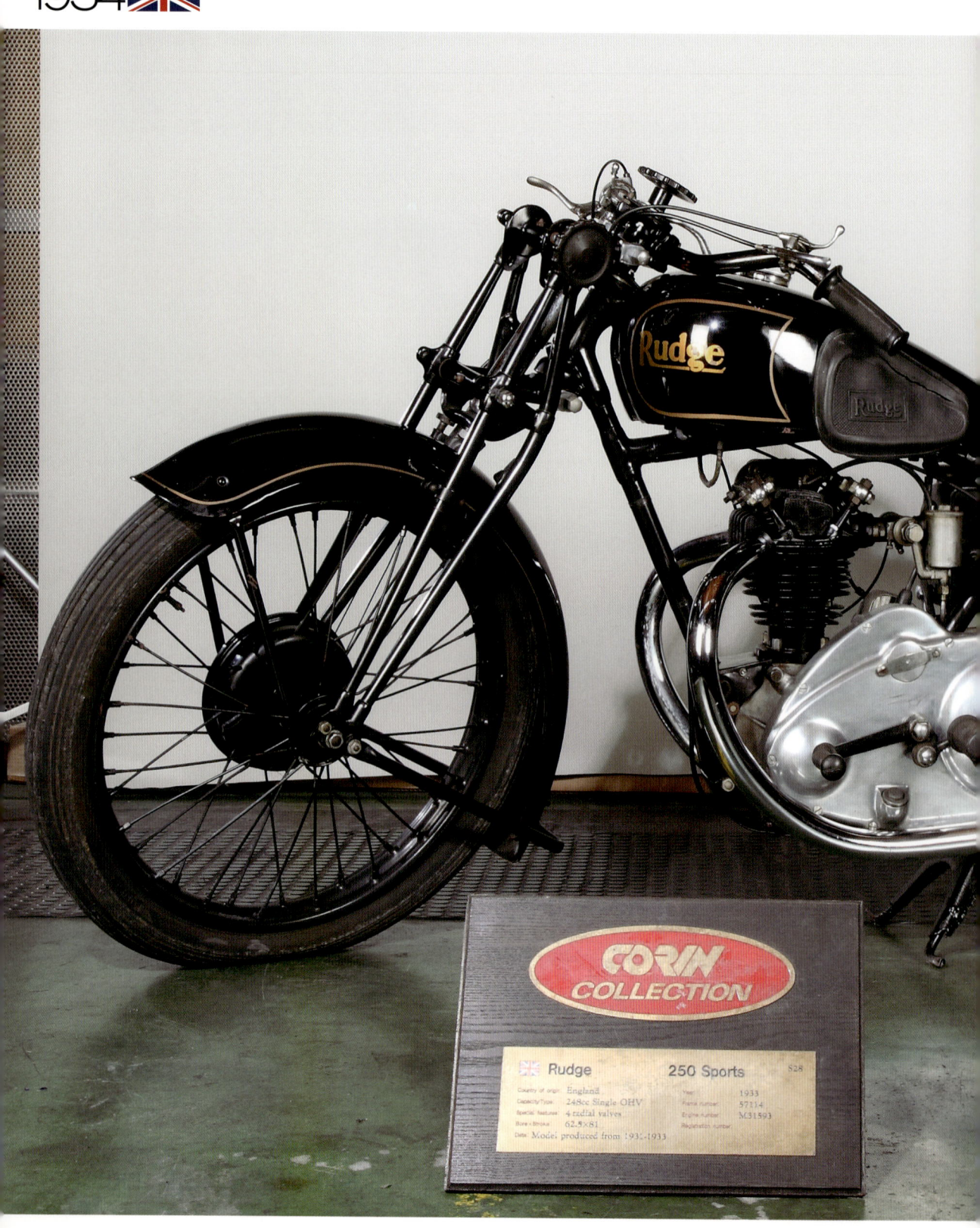

Country of origin : England
Capacity/Type : 248cc Single OHV
Bore×Stroke : 62.5×81
Frame Number : 57114
Engine Number : M31593
Registration Number :

1930年まで250ccクラスにJAP製エンジンを採用していたラッジ-ウィットワースだが、1931年に自社製のラジアル配置型4バルブの250ccをデビューさせる。4バルブの技術導入は1924年のラッジ・フォア（350cc・4速ギアボックス）が初だが、エンジニアのG.ハックは1921年に製作されたリカルド・トライアンフ4バルブからその着想を得ていた。250スポーツがデビューした翌年の1935年には、2バルブ方式の250ccモデルのツーリストも登場。1936年はラジアル配置型4バルブ250ccの最後の年となり、1938年には2バルブ版のスポーツが発売されている。

Matchless
G80
1937 🇬🇧

Country of origin：England
Capacity/Type：498cc Single OHV
Bore×Stroke：82.5×93
Frame Number：F1892
Engine Number：37/C8 2265
Registration Number：

1937年当時、マチレスには990ccのサイドバルブVツイン1機種、サイドバルブ単気筒搭載のツーリングモデル2種、そしてOHV単気筒エンジンを搭載するスポーツモデルのクラブマンシリーズ9種のラインアップがあった。クラブマンシリーズでも、車名末尾にCの文字が入るコンペティションモデルは、スタンダードの排気2ポート・2エキゾーストに対し、シングルポート型のシリンダーヘッドを採用していた。G80は、クラブマンシリーズの4機種ある498ccモデルのなかで最も廉価なモデルだが、そのスポーツ性の高さは他社のライバルに引けをとらないものだ。

Norton
International
1954 🇬🇧

Country of origin：England
Capacity/Type：
Bore×Stroke：
Frame Number：56300 OS579
Engine Number：56300
Registration Number：

マン島T.T.の歴史を語る上で、ノートンは欠かせない。20世紀初頭のマン島T.T.黎明期から、日本車の進境著しかった1960年代までの間、ノートン製単気筒を駆るワークスライダーとプライベーターたちは、数々の栄光の伝説をT.T.の舞台であるマウンテンコースに刻んでいる。この車両は1950年にワークスチームが初採用した"フェザーベッド"スイングアームフレームに、1931年から1957年の長きにわたって生産され続けたノートン製の4ストロークOHC2バルブ単気筒の第二世代ユニット、インターナショナル・エンジンを搭載したスペシャルモデルである。

YAMAHA
TZ350
1976 🇯🇵

Country of origin：JAPAN
Capacity/Type：347cc Twin Two Stroke
Bore×Stroke：64×54
Frame Number：383-993178
Engine Number：R5-993178
Registration Number：

ヤマハ製の2ストローク並列2気筒ロードレーサーの歴史は30年以上にも及び、いずれのモデルも1950年代に開催されていた浅間火山レースの時代から1990年代初頭まで、数多くのグランプリライダー、チューナー、そしてメカニックたちを育んできた名機である。この水冷ツインエンジンを搭載する1976年型のTZ350（C）は、モトクロスや世界ロードレースGP500cc用ワークスマシンで、カンチレバー式シングルリアサスペンション（モノクロス）を初採用。また、それまでドラム式だった前後のブレーキが初めてディスク式となったのもこのCモデルからである。

Lady
350 Sandtrack Racer
1931

Country of origin : Belgium
Capacity/Type : 350cc Single OHV
Bore×Stroke :
Frame Number :
Engine Number : C870
Registration Number :

ベルギーに存在したモーターサイクルメーカーとしてはサロレア、FNの名が有名だが、かつては大小含めて60社以上あったことはあまり知られてはいない。Ladyは1924年から1940年まで、アントワープを本拠地としていたメーカーで、1927年以降は主にビリアース、JAP、ブラックバーン、AJSなどの英国製エンジン・ギアボックスを用いて、英国風のモーターサイクルを製造していた。また1920~30年代にはベルギー国内のモータースポーツで活躍。このJAPエンジン搭載車は砂で覆われたレーストラックを周回する、サンドトラックレース用に製作されたレーサーである。

Eysink
250 Dirt Track
1932

Country of origin：Netherlands
Capacity/Type：250cc Single OHV
Bore×Stroke：
Frame Number：25230
Engine Number：T608
Registration Number：

Eysink は 19 世紀末にオランダ・アーメルスフォールトで設立されたメーカーである。社の黎明期には、自転車と自動車も製造していたが、1920 年代以降はモーターサイクル生産に専心するようになり、その活動は第二次世界大戦後の 1950 年代半ばまで継続した。ベルギーのサロレアやミネルバ、英国の JAP、ビリアース、ニューハドソン、そしてドイツの JLO と、各国の多くのブランドからエンジンを購入し、スポーツモデルからモペッドまで、幅広いジャンルのモーターサイクルを生産していた。このレーシングモデルは、高性能なラッジ製パイトンエンジンを搭載している。

CZ
250 Motocross
1970

Country of origin : Czecho-slowakia
Capacity/Type : 246.2cc Single Two Stroke
Bore×Stroke : 70×64
Frame Number : 980-01.01543
Engine Number : 980-02.01543
Registration Number :

チェコスロバキアの名門メーカーであるCZは、1950年代からモトクロスの分野で活躍し、幾多の栄光を手中に収めてきた。1950年のモデルCを母体とする、2ストローク単気筒・2エキゾーストポートのCZモトクロッサーは、欧州及び世界モトクロス選手権や国際6日間トライアルなどのビッグイベントで数々のタイトルを獲得。1964年のISDTモデル以降は、旧来の"ツインパイプ"モデルに代わる戦力としてシングルポートの新型モトクロッサーも実戦投入された。アップタイプのチャンバーを装着するCZモトクロッサーは、"サイドパイプ"という愛称で欧米で人気を博していた。

BSA
B25SS Gold Star
1971 🇬🇧

Country of origin：England
Capacity/Type：247cc Single OHV
Bore×Stroke：67×70
Frame Number：NF0158 B25SS
Engine Number：NE01585 B25SS
Registration Number：

1910年より2輪市場への本格参入を開始したBSAは、スモールヒースの巨人と称されたほどの規模を誇る、英国を代表する名門メーカーのひとつだ。同社の膨大なラインアップの中で、最も有名なモデルであるゴールドスターの名は、1938年型として発売されたM24に初めて用いられた。ロードレース、モトクロス、そしてトライアルなどのモータースポーツでの使用にも耐えるゴールドスターは、1963年まで多くのクラブマンレーサーに愛された。B25SSは栄光あるその名を受け継ぐモデルだが、その登場の数年後の1973年、BSAは財政難によってブランドの消滅を迎える。

MZ 250/IG
1965

Country of origin : East Germany
Capacity/Type : 246cc Single Two Stroke
Bore×Stroke : 69×65
Frame Number : TRI224372
Engine Number : 2004
Registration Number :

第二次世界大戦後の東西ドイツ分裂時に、ドイツの名門であるDKWから分離して東ドイツのチョッパウに本拠地を置いたのがMZだ。DKW時代からの優れた2ストローク技術を磨き上げていったMZは、1950年代よりロードとオフロードのレース活動を行い、数々の好成績を残している。とりわけ、MZは1960年代にISDTで最も活躍したメーカーであり、1963～67年、そして1969年と計6度もトロフィーウィナーの座についている。この250/1Gの"G"はオフロードモデルを示すものであり、当時伸長著しかったアメリカのオフロード市場に向けて企画された機種である。

59

MZ
ETS360G5
1975

Country of origin : East Germany
Capacity/Type : 360cc Single Two Stroke
Bore×Stroke : 82×65
Frame Number : 52388
Engine Number : 62762
Registration Number : VH-71-72

実用車としての完成度の高さを備えていたスタンダード版のESに対し、スポーツ版のETSはより高性能なエンジンを備えているのが特徴だ。ETS250G5は、米国と英国への輸出用として製造されていたオフロードモデルだが、その生産台数は限られていた。写真の車両は、ワークスチームが製作した360cc版のファクトリー車であるが、5速ギアボックス、公道用モデル譲りのフレームとアウタースプリング式フロントフォークなどの外観は、一般に販売されたG5とは大きく異なっていない。燃料タンク下面に備わるのは、パンク修理時などで活躍するインフレーター（空気入れ）だ。

MZ
GT360
1977

Country of origin：East Germany
Capacity/Type：360cc Single Two Stroke
Bore×Stroke：82×65
Frame Number：TRI224372
Engine Number：2761
Registration Number：

経済情勢の苦しい東ドイツにて、1970年代のMZは安価な実用車とオフロードモデルを製造し、これらを米国や英国、そして欧州の自由主義経済圏に輸出し、外貨を稼ぐことで糊口を凌いでいた。そんな厳しい状況でも、MZはエンデューロを中心にワークス活動を継続しており、数々の好成績を収めている。この車両は一般に販売されていたG5（オフロードモデル・5速ギアボックスの意）とは異なり、エンデューロのビッグイベントで勝利するために特別に製作されたワークスマシンだ。フルカバードのチェーンケースはMZ製オフロードモデルに、伝統的に装備されたパーツである。

上野のモンスターと呼ばれた男

光輪コレクション

　2011年10月16日、30台のヴィンテージバイクを集めたエキシビションが東京・上野で開催される。
　1920年代に製造されたハーレー・ダビッドソンのサイドカーを筆頭に、ずらり勢揃いした銘車の数々は、ただただ圧巻のひと言に尽きる。その道のマニアならずとも、またどんな世代の男性であろうとも、持って生まれた〈男の子〉の本能を刺激され、当時の職工人によって製造された、芸術品のごときバイク一台一台の前で釘付けになってしまうであろう。
　この〈光輪コレクション〉とも〈若林コレクション〉とも称されるヴィンテージバイクが今回の展示に至るまでの背景には、数奇な運命が絡み合う様々なエピソードが潜んでいる。この銘車コレクションには、バイクを愛し、バイクと共に散った、ある一人の男の壮絶な生き様、そして執念が宿っているのだ。
　まるでバイクに取り憑かれたかのように、全身全霊を注いで上野の一角に一大バイク街を築き上げ、そして没落していった男の足跡を辿ってみたい。

上野バイク通り

　東京・上野――戦後から高度経済成長期、そして昭和の終わりまで、この街は活気に満ち溢れ、繁栄を続けてきた。
　通称〈北の玄関口〉と呼ばれ、多くの上京客を飲み込んだ上野駅。一大問屋街として観光客に人気を博したアメ屋横町。そして、休みの日には常に家族連れで賑わった上野公園。また、1972年の日中国交正常化に伴い、その親善使節として中国からパンダの〈ランラン〉と〈カンカン〉が上野動物園に贈られたときに巻き起こった大フィーバーぶりは、昭和史に大きな一コマを刻んだ。
　時代が平成を迎えるまでの上野は、確実に日本有数の巨大都市であった。
　商業都市、観光地として今なお人気の上野の繁栄を、過去形で語るのには少々抵抗がある。しかし、現在のこの街が、完全デジタル化された平成の世の中から取り残され、どこか昭和テイストのアナログ的感性を感じさせるのも事実であろう。
　アメ横や上野公園が〈表の昭和〉を象徴する場所であるとするなら、本書の舞台となる上野7丁目界隈は、さしずめ〈昭和の裏面がそのまま取り残された空間〉と言っていいだろう。

　JR上野駅の浅草口を抜けると、目前には昭和通り、そしてそれと上下するように高速道路が横たわる。右側へ進むと御徒町方面で、アメ横と平行して様々な店が軒を連ね、人通りで賑わっている。その逆方向、昭和通りを三ノ輪方面へと左へ進んでいくと、いかにも古ぼけた街並みが細々と続いているのを発見する。
　怪しげなビデオの専門店にアダルトショップ、かび臭さが漂うビジネス旅館や看板の剥げ落ちたサウナ店……少々猥雑な雰囲気の通りをさらに進んでいくと、20数店のバイク専門店が軒を連ねる、下町の工場街然とした一角がある。いわゆる1990年前後の最盛期には、約100店ものバイクショップがひしめき合った〈上野バイ

ク通り〉である。

　なぜ、この街はバイクの専門街として、日本全国のオートバイ愛好家が日参するまでに成長したのか？　そして、繁栄を極めたバイク街は、なぜ落日の日を迎えたのであろうか？

昭和のバイク王・若林久治

　その栄枯盛衰は、昭和史を駆け抜けた一人の男の、破天荒で過激な生き様によってもたらされた。

　男の名は若林久治。裸一貫からバイク店を開業し、光輪モータース社長として一代で上野の街にバイク王国を築いた希代の傑物だ。

　仕事を愛し、多くの女たちを愛し、巨万の富を築いた後に、丸裸で世を去った昭和のバイク王。多くの人々からの尊敬と畏怖、そして嘲笑と憎悪を一身に浴びながら、大型バイクに跨り、悠然と駆けるように生きた若林。その人生の光と影を、彼を愛し、そして憎んだ関係者たちの証言をもとに浮き彫りにしていきたい。

　若林久治は、1937年に母方の実家がある三重県で生まれた。一説には、戦前に大陸へと渡った両親のもと、韓国で生まれたとの話もある。後に、韓国とのバイクビジ

1974年2月撮影

ネスでひと財産を築いたことから、そのような説が発生したのだろう。

若林が初めて上野7丁目界隈に姿を現したのは1957年、20歳のときである。当時、繁華街から外れ、開発の遅れたこの地域は、小さな工場がポツポツと並ぶ、寂しい場所だった。先の大戦の空襲から奇跡的に逃れた、戦前からの建物が並ぶ静かな街には、既に数軒のバイク店が営業していた。

若林は、アルバイトをして手に入れたバイクを売るために、この街に開店したばかりのバイク店を訪れたのだ。おそらく、地代が安い、物流の便がいい、との理由でここにオープンしたと思われるバイク店は、大繁盛していた。

周辺には、解体作業所が点在し、部品調達には事欠かなかった。高度経済成長の波に乗り、日本全体が上を向いて歩いていた時代。繁華街から外れた、こんな辺鄙な場所にあるバイク店でさえ、車体を陳列するなり売れていく状態だった。

「自分が持ち込んだバイクを6万円で買ってもらい、大喜びした。ところがそのバイクが、5分後には8万円で店頭から売れてゆく。サラリーマンの初任給が約6000円の頃ですからね。それを見て若林は『よし！俺もバイク屋を始めるぞ』ってひらめいたらしいです」

そう語るのは、元・光輪モータース従業員の石上隆弘。1983年に19歳で入社以来、若林の薫陶を受け、その後激しく対立し、ついには命まで狙われるに至った、若林を語る上で欠かせない人物だ。

若き日の若林社長（中央）

「自分が若手社員の頃は、開店当時の話をよく聞かされましたね。バイク店を開店して大儲けってアイデアだけなら誰でも思いつきます。それを即、実行に移せるのが、若林の凄いところです」

光輪モータース誕生

　上野7丁目にバイクを持ち込んだ翌年の1958年、早くも若林はバイク店を同所にオープンする。このとき弱冠21歳。
　現在の若者であれば、親のスネを齧って大学生活を満喫している年頃だ。いや、筆者の知人には21歳はおろか、30歳を過ぎても親と同居して小遣いを貰っている連中がゴマンといる。嗚呼、平成の日本男子よ……。
　若さのエネルギーが溢れる若林は、持ち前のバイタリティを発揮して、3年後の1961年にはバイク販売業の会社を設立。有限会社・光輪モータースの誕生だ。4年後の1965年には株式会社となり、より大きな商いへと挑み始める。
　壮大な栄光と悲劇の舞台となる〈光輪モータース〉の歴史がいよいよ幕を開けることとなる。
「最初に若林と会ったときの印象ですか？　そりゃあもう、凄いオーラでしたよ。声がデカい、顔がデカい、笑い方も豪快そのものでした」
　そう語るのは、元・光輪モータース社員、大原博文。1986年に23歳で光輪へ入社した大原は、他の社員以上に若林の特異さを感じ取っていた。
「ウチは実家が自動車販売業を営んでいるんです。光輪に入社する前に、幾つかのバイク販売店で働いた経験もある。だからこそ、若林の凄さが客観的に判る（笑）。他との比較でね」
　その言葉に、石上はこう返す。
「北海道の利尻島出身の自分は、高校卒業と同時に上京し、光輪に入社しました。同級生で東京に出た者は自分だけでした。社会のことを何も知らない若造でしたから、光輪の、若林のやり方が普通だと思ってたんです。でも、経験を積むにつれ、『この労働条件はちょっと凄いな』と気づきはじめて……」
　石上の同期入社には、沖縄の離島や北海道・東北の寒村などから身一つで上京した青年が数多くいた。彼らの願いはただひとつ、〈バイクに携わる仕事がしたい〉それだけだ。
　当時、そんな地方の青年たちの夢を受け入れるだけの体力があるバイク販売店は、光輪モータースだけだった。
「自分も、若林に最初に会ったときの印象は、『迫力があるな』ってコトでした。決して大柄な人ではないんですが、目の前に立つ若林は、巨人のように大きく見えましたね」
　そう語るのは、1986年に入社した朝岡泰志。彼は秋田県・能代市の高校を卒業してすぐに、東京へ出たい、バイクの仕事がしたい、その思いだけで光輪へと入社した。身長183センチ、バスケットボールで鍛えた逞しい体躯の朝岡。その彼が、自分より大きく感じた程、若林の存在感は際立っていた。
　彼らが新入社員だった、1980年代の光輪モータースは、まさに破竹の勢いで、〈バイク業界の風雲児〉と呼ばれていた頃。社

員たちは馬車馬のように働かされ、そして若林自身、誰よりも必死に働いた。
　また、入社当時を振り返り、石上は感慨深げに語る。
「労働基準法なんて、僕自身、知りもしませんでした。僕が入社した頃の光輪は、不満なんて言おうモノなら、先輩社員からの鉄拳制裁が待っていた。殴る、蹴るの仕置きは当たり前。皆、しゃかりきになって働いていた。その分、給料も他社より良かったハズです」

　1980年代にバイクに乗ってヤンチャしていた不良少年たちの間では、光輪モータースを巡って、様々な都市伝説が囁かれた。曰く〈光輪で万引きしたら、怖いお兄さんに袋叩きにされた〉〈バイク部品を盗んだら、拉致されて組事務所に監禁された〉──すべて、根も葉も無い噂話だが、コワモテの少年たちを震え上がらせる程、当時の光輪スタッフは、気合いを入れて仕事をしていたのだ。
　破竹の勢いで成長する光輪モータース、血気盛んな社員があふれるなか、一番元気なのが若林だった。土日は朝5時から出社し、店が忙しければ自らレジに入り、接客しながら商品の売れ行き動向をチェックする。
　一瞬たりとも休まぬ若林の働きぶりを目の当たりにし、社員たちは不満を飲み込んで仕事に精を出したという。
　若林の店舗営業に賭ける意気込みは留まることを知らず、そしてその情熱は、時に過激なアジテーションとなり、社員たちを困惑させた。
　なかでも有名だったのは、若林名物の店内マイク放送だ。少しでも覇気に欠ける者、売り上げを伸ばせない者がいると、若林はやおらマイクを掴み、「え～、○○君、○○君、もっと商品を売りましょう！ 売って、売って、売りまくれ！」と、店中に響き渡る大音響で檄を飛ばすのだ。
　店員たちは赤面し、客は苦笑するなか、一人大真面目にマイクを握りしめる若林の姿がそこにはあった。

拡大していく光輪モータース

　若林は、バイクの修理・販売以外に、周辺のグッズを購入させることで、会社の大幅な利益アップを目指すのも忘れなかった。
　当時、イタリアのバイクヘルメットブランド〈AGV〉がライダーたちの間で人気だった。ところが、当時、日本にはまだ販売代理店がなかった。
　そこで、若林はなんのツテもないのにイタリアに乗り込んだ。そして、AGVのヘルメットを販売する独占契約を結ぶことに成功したのだ。
「何故、AGVが光輪と契約したのか？ それは驚くほどヘルメットが売れたからなんです。若林はイタリアから大量に仕入れたAGVのヘルメットを、バイクを買った人に無料でプレゼントした。それが話題となってAGVの認知度が高まる。こんな商売としての冒険ができたのは、光輪だけでしょうね」
　そのとき、販売の最前線にいた石上は、無料プレゼントのヘルメットに群がる客の熱気を鮮明に記憶している。もちろん無料とはいっても、その代金はバイク本体にキ

チンと上乗せされていたのだが……。これを機会に根っからの商人、若林のしたたかさは、国境を越えて発揮され始めた。

80年代半ば、バイク業界ではレーサーレプリカタイプの車両が大ブームを巻き起こしていた。このタイプのバイクに乗るには、皮のツナギが不可欠だが、安いモノでも1着20万円はする。

そこで若林は、人件費の安い韓国にツナギ縫製工房を設立、大量に商品を作ったことで、一着6万8000円で売り出すことに成功した。これが爆発的人気を呼び、広告を打った途端、予約だけで300着を売り切った。

それまで、皮ツナギは1日に1着売れれば上出来であったが、このツナギは1日に20着売れたという。

この勢いで拡大していった光輪は、最盛期には上野界隈だけで20以上の店舗を開店し、札幌、長野、大阪と、日本全国各地に支店を増やしていった。

俺には3人の妻がいる

バイク販売業で天下を取った若林は、仕事のみならず、女性関係も実に奔放だった。「俺には3人の妻がいる」と、常日頃から豪語していたという。確かにその言葉通り、彼には3人の夫人がおり、複数の妻の存在を隠そうともしなかった。

会社の寮母として働き、社員たちの母代わりだった最初の妻A子。社長の身の回りの世話をしていたB子。そして、光輪の事務員であった3番目の妻C子。若

光輪モータース店内に飾られていたパネル

林はまずはA子、次にB子と籍を入れ、3人同時に事実上の夫婦関係を維持し続けた。

3人の妻との間に、6人の子を儲けた若林。その子息のなかでただ一人、C子との間にできた息子である、若林久貴が本書のインタビューに応じ、亡き父の思い出を語ってくれた。

「幼少の頃の思い出ですか。それがまったく無いんです。当時の僕にとって父は、母が働いている会社の社長さん。そんな存在でした」

現在、東京・足立区でバイクパーツの製造販売業を営み、一国一城の主として活躍する久貴。選んだ職業は、奇しくも父と同じだった。

「頭では父であることは理解していたのですが……やはり僕にとっては〈社長〉でした。僕は成長してからも、父には常に敬語で接していましたし」

年若い3番目の妻との間に生まれた息子。若林にとって久貴は、可愛くて仕方がない存在であったはずだ。しかし、根っからの商売人である彼は、あえて幼き息子に厳しく商いの基本を学ばせた。

久貴は、小学生の頃から光輪でアルバイトとして働き、日当1500円の給金を貰っていた。働いてお金を稼ぐ、という大人にとっては当たり前の法則を、父は息子に幼い頃から実地で教え込んだのである。

仕事には人一倍厳しかった若林。その反動で、遊ぶときには徹底的に遊んだ。久貴が幼少の頃、家族旅行は決まって海外であった。イタリア、メキシコ、バリ島……1970年代の日本人にとって、行くこと自体が夢であった憧れの国へ、若林は3人の妻と6人の子供たちを連れだって、足繁く通っていた。しかも飛行機はすべてファーストクラスだ。

「贅沢は良いけれども、無駄使いはダメ。これが父の言い分でした。たっぷり働いた対価としての贅沢はOK。僕は思春期の多感な頃に、少しだけ父の存在に抵抗を感じましたが、やがて自然と受け入れていきました。これがウチの家庭なんだと」

アントニオ猪木と意気投合

仕事に、家庭に、精力を振り絞るように雄としての存在感を誇示した若林。彼のエネルギーが人を惹きつけるのか、当時の光輪には多くの芸能人・有名人が顧客として名を連ねた。

矢沢永吉、所ジョージ、岩城滉一……バ

1991年、韓国政府から「国際平和賞」叙勲

長野県穂高市に展示されていたヴィンテージバイクのコレクション

イク好きで知られる著名人の多くが、一度は光輪のお世話になった。所ジョージは、光輪モータースのイメージキャラクターにもなっていた。そして、多くの有名人のなかでも、プロレスラー・アントニオ猪木とは特に意気投合し、友人として認め合う仲になったという。

仕事が趣味といえる若林であるが、単なる真面目人間ではなかった。むしろ常人には理解不能な奇矯な一面があった。

自宅に豪華な庭園を造ったときのエピソードである。職人たちが庭造りを終えると、今度はそれをたちまち破壊するように指示したのだ。莫大な費用を掛けて造られた庭は、瞬く間に打ち壊されていった。

完全に破壊された自宅の庭を見て満足した若林は、再び同じ造園工事を職人たちに命ずるのである。

我々凡人には理解不能で傍若無人な行為に写るが、ある意味、若林にとっては究極の贅沢であり、もしかすると、自己暗示だったのではなかろうか。現状に満足せず突き進めと、自らに究極の鞭をふるう為の破壊だったような気がしてならない。

ヴィンテージバイク、日本上陸

人生の絶頂期を迎えていた若林に、ある日海外からとんでもないスケールの話が持ち込まれた。

オランダにあるバイク博物館が経営破たんし、行き場を失くしたヴィンテージバイクの買い手を探しているというのである。その数80台、総額で1億円を超えるコレクションだ。

若林はこの話に飛びついた。ただちに支払いを済ませると、ヴィンテージバイクが次々と、海を越えて日本へと上陸した。
　欧州のバイク関係者の間では、80台の旧車をまとめ買いした若林の存在は、瞬く間に知れ渡ったという。大原は当時の戸惑いと興奮をこう語る。
「驚きましたよ。ある朝、古いバイクが海外からドーンと送られてきたんですから。早速専用の会場を作り、一般のお客さんに向けて展示を開始したんです」
　ハーレー・ダビッドソンにロイヤル・エンフィールド、綺羅星のごとき銘バイクは光輪の店舗を改装した即席ミュージアムで展示された。
　しかし、訪れる人々の反応は今ひとつであった。当時の日本ではまだモーターサイクル文化への関心が浅く、ごく一部のマニアが熱狂したものの、一般のお客さんの反応は寂しいものであった。ヴィンテージバイクの展示は1年ほどで終了する。しかし、若林の、このコレクションに対する思い入れは深く、長野に所有するクラブハウスの建物内に大切に保管されていた。ところが、この噂を聞きつけた窃盗団により、多くの貴重なバイクコレクションが盗まれてしまう。
　だが、後にこの貴重なコレクションは、数奇な運命を経て、再び我々の前に姿を現すこととなる。

バブル崩壊・負債総額200億円

　急成長を続けていた光輪モータースだが、1990年代前半のバブル崩壊から、その勢いに陰りが見え始めた。ジリジリと売上は下降線を辿り、それに反比例するように、社員たちの労働時間は増えていった。休日勤務が常態化し、高待遇であった給料も、少しずつ下降していった。
「若林には、よくこう言われました。『毎日9時に来て5時に帰るような仕事ぶりじゃあ〈こっち側〉には来れないぞ』って。自分もその通りだって実感したので、純粋にがむしゃらに働きました。ですが、毎月の給料の振込が10万円も変動する、しかも我々にはなんの相談も無く……こんなことが日常化して、僕らも限界になっていったんです」
　経営に黄色信号が点り始めた頃を振り返る大原。しかし、まだ光輪モータースには不況を凌ぎきるだけの余力が残されているはずだった。
　実質的に、光輪の経営にとどめを刺したのは、銀行の放漫融資だ。当時、光輪のメ

1994年発行のフリーペーパー
「SUPER CONG'S CLUB」創刊号

インバンクだった富士銀行（現・みずほ銀行）は、湯水のごとく若林に金を融資した。若林はその金で、上野７丁目界隈の土地を買い漁った。

彼にはこんな思惑があった。上野は北への玄関口であり、新幹線の発着駅。辺鄙な７丁目界隈も、必ず駅の複合施設建設のために土地が買われるだろう。

しかし、バブルが崩壊し地価は一気に下落。新幹線も、東京、品川と、次々と発着の便が良くなり、上野の開発は取り残された。そうなると銀行の態度が一変した。いままで平身低頭で若林に融資していた富士銀行が、資金回収のために、矢のような催促をするようになった。

「若林は、『借りる必要のない金だけど、銀行が借りろってしつこいから……』なんてボヤきながら融資を受けていたんです。それがバブル後はいきなり『金かえせ！』ですから。そのしわ寄せが、全部僕ら社員のところに来たんです」

神妙な面持ちで語る大原。そこには、若林に対する不満と同情が、割り切れない感情として残っているかのようだ。

1996年には、光輪モータースの負債総額は200億円に達した。アントニオ猪木が10億円の借金、矢沢永吉が抱えた負債が30億円なのだから、その額の大きさがいかに破格か実感できるだろう。

男の器を借金の額で量るとしたら、若林はかつての顧客であった、この２人のカリスマより〈ビッグな男〉であったと言える。

そんな呑気なことを語れるのは、傍観者だからであろう。会社の危機を感じた社員たちは労働組合を結成し、若林と真っ向対立して自らの権利を主張し始めた。

「自分らも若い頃はよかった。でも入社して10年以上経ち、家庭も築いていた。そんななかでの組合結成という選択だったんです」

言葉少なに、噛みしめるように語る石上。彼と大原、朝岡は、組合運動の中心人物として、若林と激しく対立した。

「父は相当ショックだったはずです。彼らを実の子のように思っていましたから。実は組合運動が始まったとき、会社を畳む覚悟をしていたんです。多くの人に説得され、思い留まったようですが」

息子・久貴は当時の父の憔悴ぶりをこう語る。〈息子〉たちと対立することとなった若林の胸に、どのような想いが去来していたのだろうか。

そんな深刻な対立の真っ最中に、事件が起きた。労働運動に奔走していた石上が、自宅で何者かの襲撃を受けて、重症を負ってしまうのだ。鉄パイプで武装した４人組の男たちが、帰宅してきた石上に襲い掛かり、彼を取り押さえるとメッタ打ちにした。

脚からは骨が露出し、顔は目が開かない程殴られたが、なぜか頭だけは殴られなかった。半殺しにはするが殺しはしない、暴力沙汰に慣れた者たちの、計画的な犯行であることは明らかだった。

「襲い掛かってきた４人組の顔を見てピンときたんです。数日前に店に来て、僕をじろじろ見ていたチンピラたちだったので。恐らく、襲う人物の確認を入念にしていたのでしょう」

殺されるような目に遭いながら、当時を冷静に振り返る石上。救急病院に搬送さ

た彼は、緊急手術の後、そのまま１ヶ月入院することとなった。歩行訓練のリハビリに４ヶ月を要し、５ヶ月後に職場復帰を果たした。

「正直、自分がやられるより辛かった。同じ組合運動をしてきた仲間が、こんな惨い目に遭うなんて」

小さな声でそう語る朝岡。石上を襲った４人組は、いまだ逮捕されていない。これ程の重症を負う暴力事件が起きたにも関わらず、警察は動かなかった。〈暴走族同士のバイクを巡るいざこざ〉と不自然にそう決めつけて、犯人捜しに動こうとはしなかった。

今もって、この事件の真相は闇の中である。しかし、冷静に考えてみれば〈犯人〉が誰なのかは想像できるだろう。暴力沙汰に慣れたチンピラを用意し、警察を黙らせるだけの力を持った、石上と対立する人物。物語のキャスティングボードのなかに、そのようなことが可能な人物は一人しかいない。いや、憶測で語るのは止めておこう。当時の光輪は、それだけ波乱の渦中にあったのだ。

労働争議が長期化し売上低迷が続くなか、2008年４月、光輪モータースは倒産する。奇しくも、若林が上野７丁目に初めてバイクショップを開店してから、ちょうど50年目の廃業であった。

盗難車が奇跡の返還

長野の旅館を買い取り、２人の妻Ｂ子、Ｃ子と久貴ら子供たちと隠居生活を開始した若林。いや、周囲は隠居と見たかもしれないが、本人はもうひと花咲かせてやろうと機会を虎視眈々と狙っていたのだ。

「父は生涯現役で働いた人物。その執念があったからこそ、盗まれたバイクが大量に発見され、戻ってくる奇跡が起きたんでしょう」

久貴の言葉通り、奇跡としか言いようのない偶然から、盗難被害にあったヴィンテージバイクが若林の元に戻ってきたのだ。

長野県内のある交差点でのこと、珍しいバイクが停まっているのが目に入った警察官が、たまたま持ち主に職務質問をした。すると、この人物が暴力団組員であり、バイクが盗難車であることが発覚。芋づる式に盗まれていた10数台のヴィンテージバイクが発見された。

盗難以外にも、借金のかたに取り上げられるなどで、台数を減らしていたヴィンテージバイク・コレクション。この盗難車の帰還で、約30台のバイクが若林の元に残ることとなった。

「父には老後の夢があったんです。ヴィンテージバイクを展示する本格的なミュージアムを作り、そこで余生を過ごしたいと。そこはライダーたちが集い、バイクファンのサロンとなる場所にしたいと。商人としてバイクに大きくしてもらった若林からの、お客さんへの恩返しの気持ちだったのでしょう」

晩年の父の気持ちをこう代弁する久貴。しかし、その夢が叶うことはなかった。車で自宅から近所のコンビニへ買い物に出た若林は、前方確認せずに駐車場から公道へと飛び出し、大型トラックに跳ね飛ばされた。数々の銘バイクに囲まれ、高級車を所有した若林だが、事故に遭ったときに乗っ

ていたのは、国産の軽自動車だった。
　事故後、半年間の入院生活を経て、若林は世を去った。享年73歳。バイク界を縦横無尽に暴れまわった怪物は、志半ばで旅立っていった。
「あんなに大きく、怖く感じていた若林が、晩年には本当に小さく感じました。身体の大きさは変わらないだろうに」
　朝岡は労働争議後、だんだんと小さくなっていく若林の姿を記憶している。
「『近所にバイク屋がオープンすると、暴走族のたまり場になるって言われて歓迎されない。そんな偏見と闘っていくんだ』若林はいつもそう語っていました」
　大原は、若林から掛けられた、思い出深い言葉を教えてくれた。
「とにかくエネルギッシュ。成果なき努力は無に等しいといって、本人が一番働いていた」
　恩讐を超えた石上が、朴訥にそう語る。
「父は最後の瞬間まで、自分が死ぬなんて思っていなかったんじゃないかな。最後までヴィンテージバイク・ミュージアム建設の夢を見ながら、旅立っていったはずです」
　最期の瞬間まで男を張り続けた若林の姿を、久貴は息子としてしっかりと看取った。
　若林が、死の直前まで夢見たバイク・ミュージアム建設は、幻に終わった。
　しかし、その想いは彼の死後、期間限定のエキシビジョンとして実現することとなった。展示場所は、若林のバイク人生の出発点である上野・旧光輪モータース跡地である。
　昭和のバイク王が守り通したヴィンテージバイクのコレクションは、2011年10月16日から始まるこのエキシビジョンを最後に、新たな買い手がついて散逸するはずだ。それもまた、若林の生きざまに似て潔いだろう。この展示を観る者は、無言で鎮座するバイク一台一台から、傑物の執念を感じ取るはずだ。
　さらば、若林ヴィンテージバイク・コレクション。さらば、バイク王・若林久治。その生き様は皆の胸に刻まれている。

バイクを愛する人達とこの道を歩み、バイクの夢を語りたい　若林久治

光輪モータースの歩み

昭和34年2月　———　自動車類の販売業を開始
昭和36年1月　———　有限会社光輪モータースを設立
昭和40年9月　———　株式会社光輪モータースに組織変更
昭和40年9月　———　株式会社光和商会を設立
昭和43年10月　———　本社ビルディング建設
昭和45年6月　———　株式会社光商事を設立
昭和47年9月　———　光輪パーツセンタービル増築改装
昭和50年5月　———　株式会社ビック設立（モーター販売部門）
昭和51年12月　———　株式会社光輪モータースに株式会社光商事を吸収合併
昭和54年12月　———　第3パーツセンター開設
昭和56年11月　———　国際館開設
昭和57年2月　———　第10営業所開設
昭和58年3月　———　第4パーツセンター開設
昭和58年4月　———　第5パーツセンター開設
昭和58年4月　———　通信販売部開設
昭和59年8月　———　チューンナップセンター開設
昭和60年7月　———　逸品館開設
昭和60年11月　———　ファンシー館開設
昭和61年12月　———　タイヤセンター開設
昭和63年3月　———　松本1号店オープン
平成元年5月　———　多目的サーキット場コーリンコングランドオープン
平成元年11月　———　株式会社ファクトリーベア設立
平成2年8月　———　全日本MX選手権主催
平成2年8月　———　株式会社ボーン設立
平成3年6月　———　全日本MX選手権主催
平成3年9月　———　アメリカ館オープン
平成4年5月　———　チョッパー館オープン
平成4年6月　———　オートバイ旅の温泉宿オープン
平成4年8月　———　全日本MX選手権主催

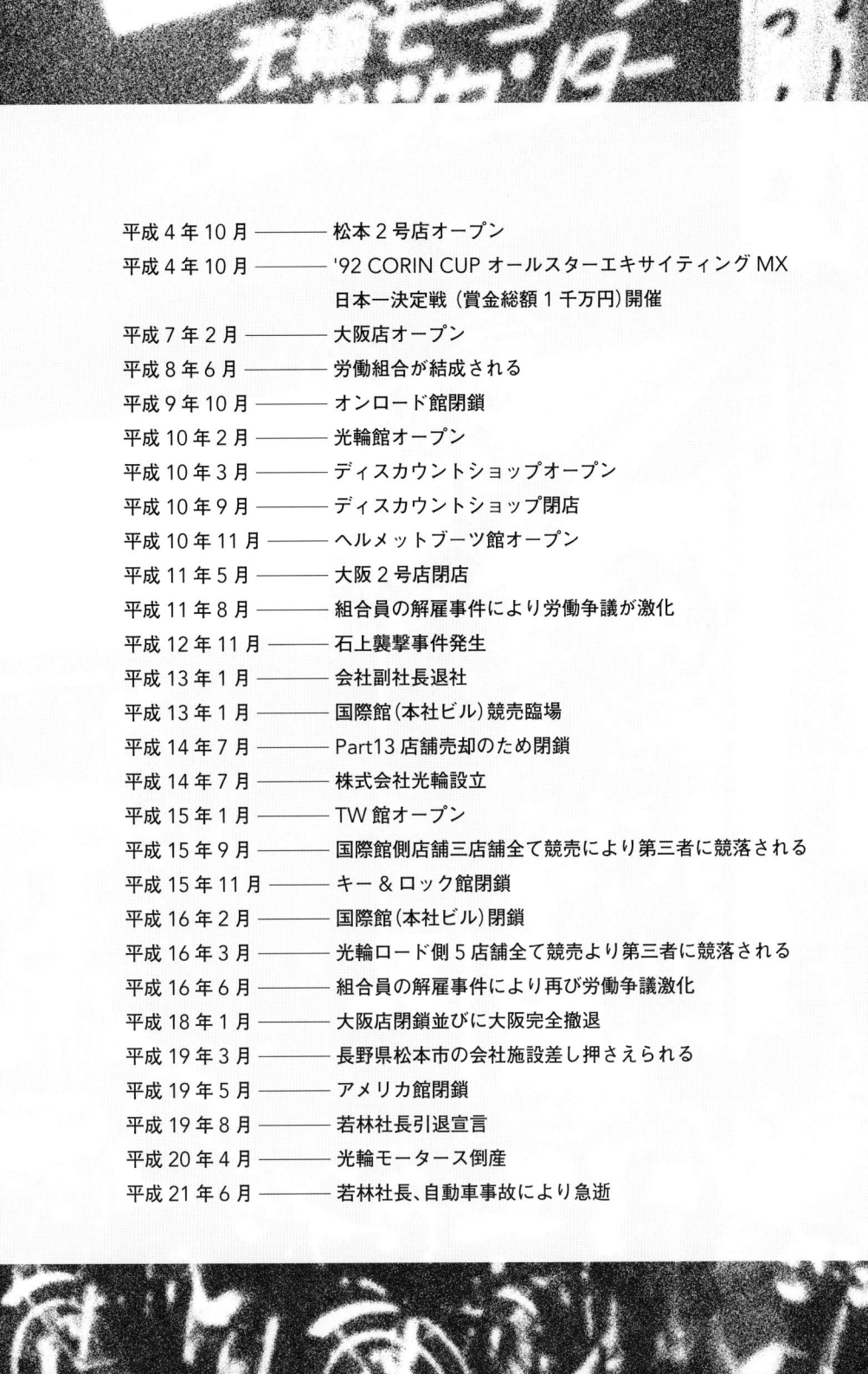

平成4年10月	———	松本2号店オープン
平成4年10月	———	'92 CORIN CUP オールスターエキサイティングMX 日本一決定戦（賞金総額1千万円）開催
平成7年2月	———	大阪店オープン
平成8年6月	———	労働組合が結成される
平成9年10月	———	オンロード館閉鎖
平成10年2月	———	光輪館オープン
平成10年3月	———	ディスカウントショップオープン
平成10年9月	———	ディスカウントショップ閉店
平成10年11月	———	ヘルメットブーツ館オープン
平成11年5月	———	大阪2号店閉店
平成11年8月	———	組合員の解雇事件により労働争議が激化
平成12年11月	———	石上襲撃事件発生
平成13年1月	———	会社副社長退社
平成13年1月	———	国際館（本社ビル）競売臨場
平成14年7月	———	Part13店舗売却のため閉鎖
平成14年7月	———	株式会社光輪設立
平成15年1月	———	TW館オープン
平成15年9月	———	国際館側店舗三店舗全て競売により第三者に競落される
平成15年11月	———	キー＆ロック館閉鎖
平成16年2月	———	国際館（本社ビル）閉鎖
平成16年3月	———	光輪ロード側5店舗全て競売より第三者に競落される
平成16年6月	———	組合員の解雇事件により再び労働争議激化
平成18年1月	———	大阪店閉鎖並びに大阪完全撤退
平成19年3月	———	長野県松本市の会社施設差し押さえられる
平成19年5月	———	アメリカ館閉鎖
平成19年8月	———	若林社長引退宣言
平成20年4月	———	光輪モータース倒産
平成21年6月	———	若林社長、自動車事故により急逝

CORIN
COLLECTION
光輪ヴィンテージバイク・コレクション

2011年10月16日 第1版第1刷発行

著　者　　高橋慎一 ©2011

発 行 者　　石上隆弘

発 行 所　　株式会社 BIG BEAT
〒110-0005 東京都台東区上野7-8-13
03-5827-2541
http://www.big-beat.co.jp
ueno@big-beat.co.jp

写　真　　高橋慎一 ©2011
車両解説　　宮﨑健太郎(The Motorcycle Classics)
デザイン・装丁　　奈良有望
編　集　　中村保夫(東京キララ社)
製作協力　　有限会社 一水社不動産部

発　売　　株式会社 三一書房
〒101-0051 東京都千代田区神田神保町3-1-6
Tel:03-6268-9714
info@31shobo.com
http://31shobo.com/

Printed in Japan ISBN978-4380119002
無断転載・無断複製を禁じます。